（微课视频版）

Vue.js 3 企业级项目开发实战

袁　龙◎著

清华大学出版社
北　京

内 容 简 介

本书是一本实用性很强的 Vue.js 3 实战项目书。书中结合实际项目场景，构建了一个完整的企业级应用。全书共分 13 章，内容包含项目概述、Vue3 项目管理、登录管理、后台主框架、图库管理、管理员管理、用户管理、商品管理、订单管理、优惠券管理、商品评论管理、分销管理和公告管理，并且讲解了这些模块的实际应用方法。同时，本书还介绍了如何使用 Vite、Axios、Vue Router、Vuex 等流行工具和库，以提高开发效率、提升用户体验。

通过学习本书，读者将掌握 Vue.js 3 的核心知识，并能够熟练地将其应用到实际项目中。

本书适合 Vue.js 3 初学者和前端开发人员使用，也可以作为网课、培训机构与大专院校的教学用书。

图书在版编目（CIP）数据

Vue.js 3 企业级项目开发实战：微课视频版 / 袁龙著. —北京：清华大学出版社，2023.7
ISBN 978-7-302-63946-6

Ⅰ. ①V… Ⅱ. ①袁… Ⅲ. ①网页制作工具—程序设计 Ⅳ. ①TP393.092.2

中国国家版本馆 CIP 数据核字（2023）第 117066 号

责任编辑：王秋阳
封面设计：秦　丽
版式设计：文森时代
责任校对：马军令
责任印制：宋　林

出版发行：清华大学出版社
网　　址：http://www.tup.com.cn，http://www.wqbook.com
地　　址：北京清华大学学研大厦 A 座　　**邮　　编**：100084
社 总 机：010-83470000　　**邮　　购**：010-62786544
投稿与读者服务：010-62776969，c-service@tup.tsinghua.edu.cn
质 量 反 馈：010-62772015，zhiliang@tup.tsinghua.edu.cn
印 装 者：三河市少明印务有限公司
经　　销：全国新华书店
开　　本：190mm×260mm　　**印　　张**：19.5　　**字　　数**：446 千字
版　　次：2023 年 8 月第 1 版　　**印　　次**：2023 年 8 月第 1 次印刷
定　　价：109.00 元

产品编号：102094-01

前　言

尊敬的读者：

非常感谢您选择阅读本书，本书将围绕新一代前端框架——Vue3 展开详细的介绍和实战演练。

在当今互联网时代，电商已经成为重要的商业模式。商家需要通过商城后台管理系统对商品、订单、用户等进行管理。如何设计一个高效、稳定、易用的商城后台管理系统成为了电商行业的重要课题。

本书从商城后台管理系统的需求出发，以实战演练为主线，循序渐进地引导读者了解 Vue3 的各项特性、运用 Vue3 构建商城后台管理系统的技术与方法，并结合商城后台管理系统的各个模块（包括登录管理、图库管理、管理员管理、用户管理、商品管理、订单管理、分销管理、优惠券管理、商品评论管理、公告管理等），向读者演示如何运用 Vue3 构建商城后台管理系统。

最后，希望本书能够成为读者掌握用 Vue3 构建商城后台管理系统的理论与实践的重要参考资料。同时，也希望读者在学习本书的过程中，能够总结出更多运用 Vue3 的技巧与方法，并应用于实际开发项目中。

本书内容

本书分为 13 章，每一章都有详细的实战演练，具体内容介绍如下。

第 1 章：项目概述。

第 2 章：介绍如何使用 Vite 快速创建 Vue3 项目。

第 3 章：实现登录管理模块，介绍 axios 的封装，以及如何使用 Vuex 管理应用状态和权限控制。

第 4 章：实现后台主框架，介绍如何使用 Element Plus 实现 UI 设计。

第 5 章：实现图库管理模块，介绍图片上传、修改、删除等操作。

第 6 章：实现管理员管理模块，介绍管理员角色管理及权限管理。

第 7 章：实现用户管理模块，包括用户管理和用户的会员等级管理。

第 8 章：实现商品管理模块，介绍商品分类、商品规格管理，并实现商品的增、删、改、查。

第 9 章：实现订单管理模块，介绍商品订单查询、导出等操作。

第 10 章：实现优惠券管理模块，介绍优惠券的各种使用状态。

第 11 章：实现商品评论管理模块，介绍查看商品评论及商品评论回复操作。

第 12 章：实现分销管理模块，介绍分销设置及分销员推广明细。

第 13 章：实现公告管理模块，介绍商城公告的增、删、改、查操作。

如何学习

- 确认自己已经具备基本的前端技能，包括 HTML、CSS 和 JavaScript。

- 在实际开发的过程中，建议您遵循书中的设计模式，将其应用到自己的项目中。
- 学习本书并不是一次性的事情，您可以不断深入学习，提升自己的技能水平。
- 如果您在学习过程中遇到任何问题或疑惑，可参考本书附带的源码。
- 要保持学习的热情和动力，跟上行业发展的步伐。学习是一种不断进步和成长的过程，相信通过对本书的学习，您将获得更多的收获。

本书特点

- 实用性强：本书的案例是基于真实的企业级项目需求而开发的，读者可通过学习本书，掌握实际项目开发中的技巧和方法。
- 操作性强：本书所有的代码都是通过演示的方式进行讲解的，读者可以边学边练，使理论知识更加贴近实际应用。
- 互动性强：本书赠送配套的微课视频，读者可通过观看视频更好地理解代码的实现过程和实现方法。

读者对象

本书适合已经掌握 Vue.js 基础的读者、对 Vue3 实践应用感兴趣的开发者和工程师，以及想要学习企业级应用开发的前端工程师阅读。希望通过学习本书，读者能更加深入地了解 Vue.js 3，掌握实际项目中的应用技巧，提高自己的开发能力和竞争力。

读者服务

- 项目实战源码。
- 学习视频。
- API。
- PPT。

读者可通过扫码访问本书专享资源官网，获取项目实战源码、学习视频、API、PPT，也可以加入读者群，下载最新学习资源或反馈书中的问题。

勘误和支持

本书在编写过程中历经多次勘校、查证，力求减少差错，尽善尽美，但由于作者水平有限，书中难免存在疏漏之处，欢迎读者批评指正，也欢迎读者来信一起探讨。

致谢

首先感谢清华大学出版社的各位编辑老师，感谢她（他）们对我的支持和鼓励；感谢所有支持我课程的粉丝和学员，是你们的支持才让我有动力和勇气完成此书；感谢我的家人对我的支持和陪伴；最后感谢付强授权提供的 API，为本书带来了更好的用户体验。

目　　录

第 1 章

项目概述

本章将简要地介绍商城后台管理系统的功能，商城后台管理系统是一款针对商城运营的软件系统，其重要功能是管理商城中的分销用户、商品、订单、图库、促销活动等信息，以提高商城的运行效率，提升用户体验。

该系统涉及的主要技术栈有 Vue3 和 Element Plus。

注意，本书重点关注前端技术开发，后端服务接口、数据库设计等内容则不在讲解范围之内。

1.1 项目全局介绍

本节将概括介绍商城后台管理系统的各个模块。商城后台管理系统可以帮助商家管理整个商城的各个方面。在商城后台管理系统的开发过程中，我们需要考虑系统的安全性、稳定性、可扩展性等内容，同时也需要为用户提供便捷的操作和友好的界面。

商城后台管理系统的思维导图如图 1-1 所示。

商城后台管理系统包括登录管理、图库管理、管理员管理、用户管理、商品管理、订单管理、分销管理、优惠券管理、商品评论管理和公告管理等模块。这些模块都是商城后台管理系统中非常重要的组成部分。

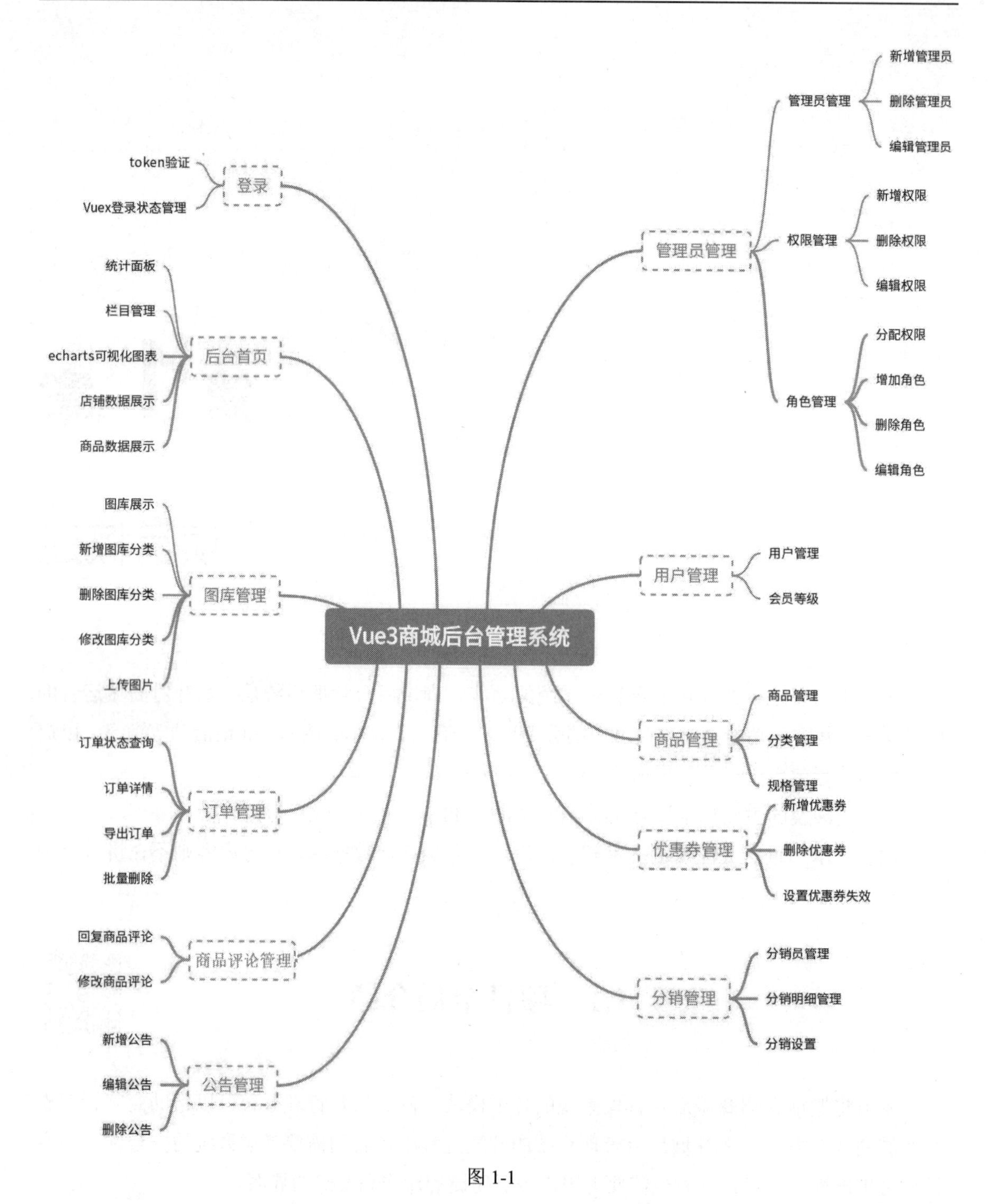

图 1-1

登录管理模块主要用于用户登录，并对用户进行验证；图库管理模块用于存储和管理图片资源，为商城前端提供支持；管理员管理模块用于管理后台管理员的账号和权限，保障后台管理系统的安全；用户管理模块用于管理商城用户的信息，包括账户信息和订单信息等；商品管理模块用于管理商城中的商品信息，包括商品的价格、库存、分类等；订单管理模块用于管理用户的订单信息，包括订单的状态、支付信息等；分销管理模块用于管理商城中的分销商品和分销商信息，包括分销商佣金等；优惠券管理模块用于管理商城的优惠券信息，包括优惠券的规则、领取方式和使用情况等；评论管理模块用于管理用户对商品的评论信息，为商家提供改进商品的建议；公告管理模块则用于展示商城最新的消息和通知，可以及时地向用户传递信息。

通过对本书的学习，读者将了解如何使用 Vue3 构建商城各个模块，并在项目中实现组件化、路由配置、状态管理等。同时，本书也将通过对实际案例的讲解，让读者更好地理解如何处理后台管理系统中的各种问题，提高开发的实践经验。

1.2　项 目 成 果

本节将概括地介绍商城后台管理系统，包括前端界面以及功能演示。通过对本节的学习，读者将了解商城后台管理系统的基本组成部分和各部分之间的关系。

以下是该项目关键功能界面的显示效果。

1. 登录

登录界面如图 1-2 所示。

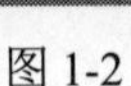
图 1-2

2. 后台首页管理

登录成功后的后台首页管理界面如图 1-3 所示。

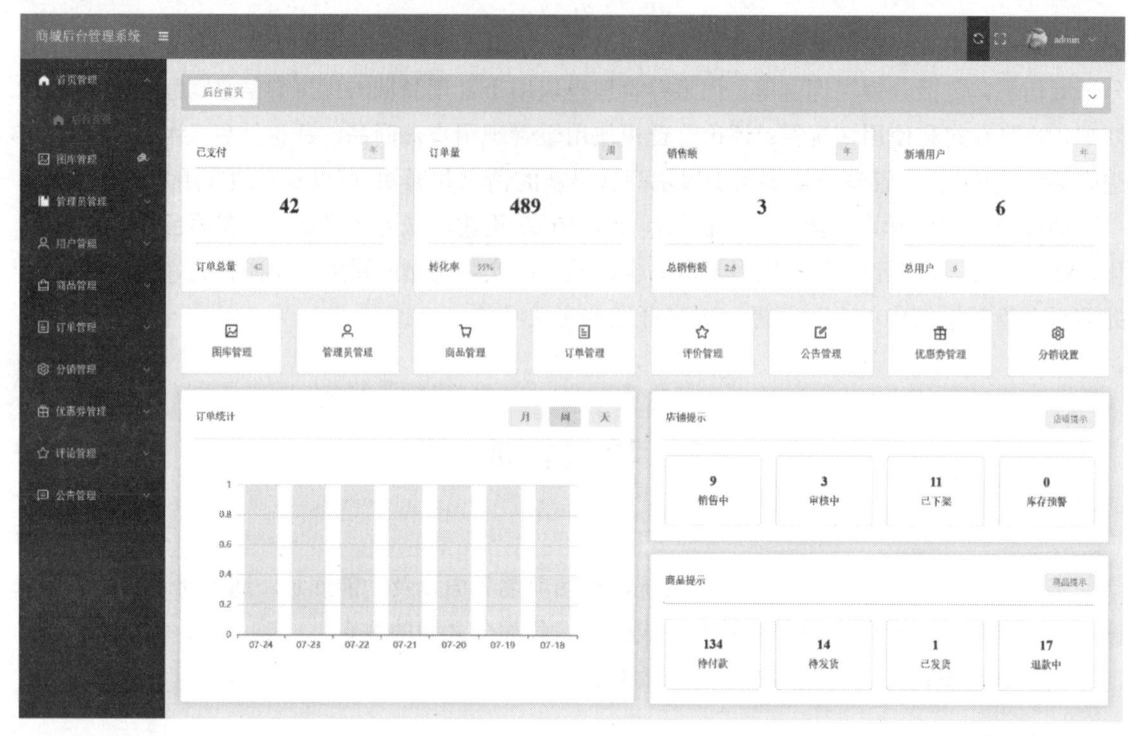

图 1-3

3. 图库管理

图库管理界面如图 1-4 所示。

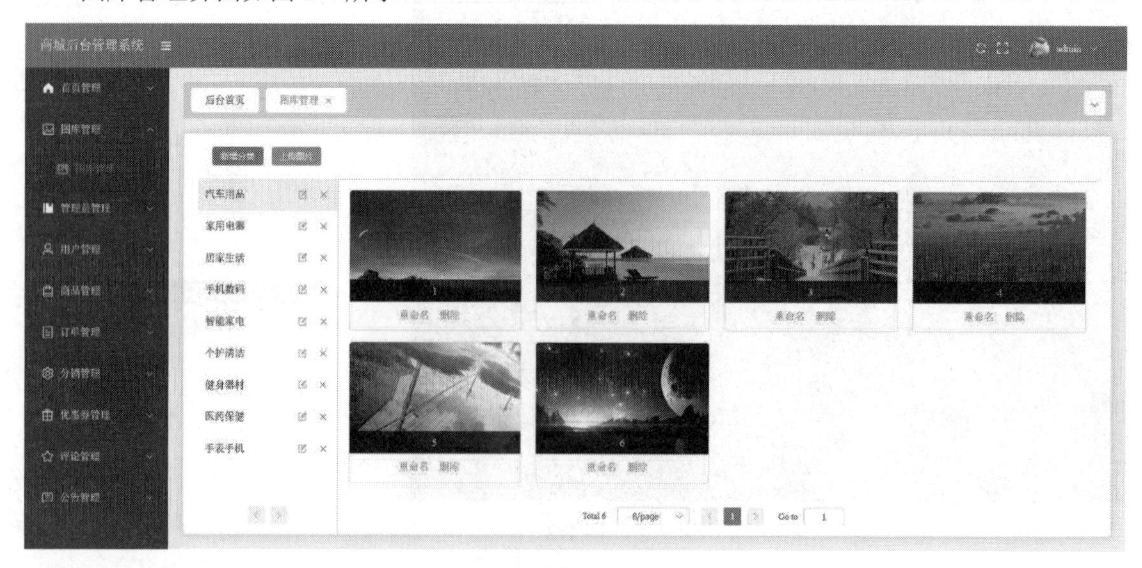

图 1-4

图库管理是项目的重点模块之一，具有图库分类管理和上传管理等功能。

4．管理员管理

管理员管理界面如图 1-5 所示。

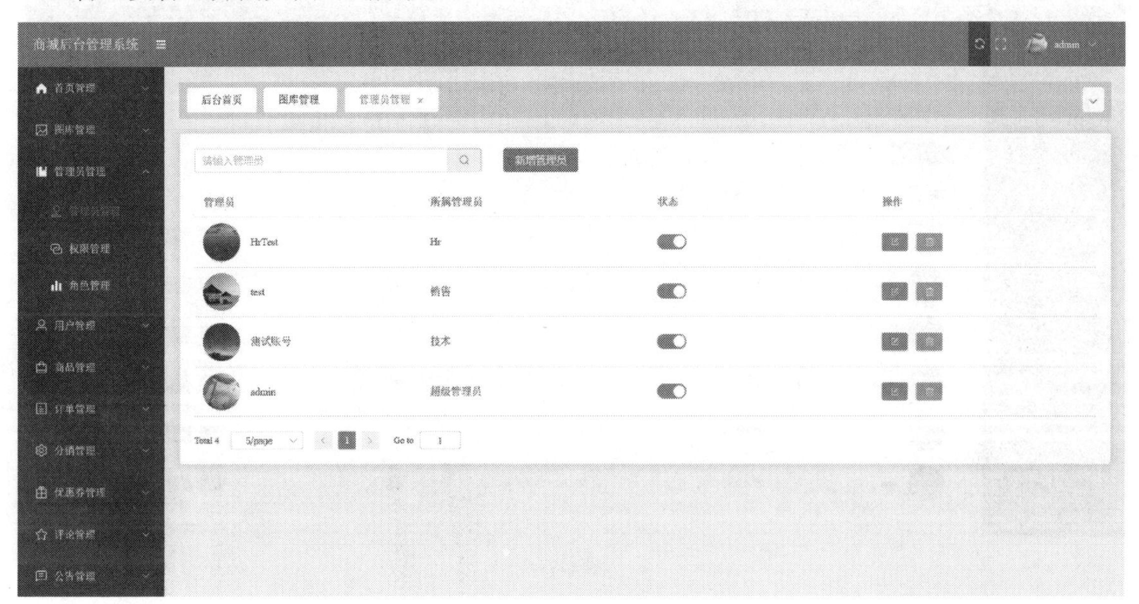

图 1-5

5．角色管理

角色管理界面如图 1-6 所示。

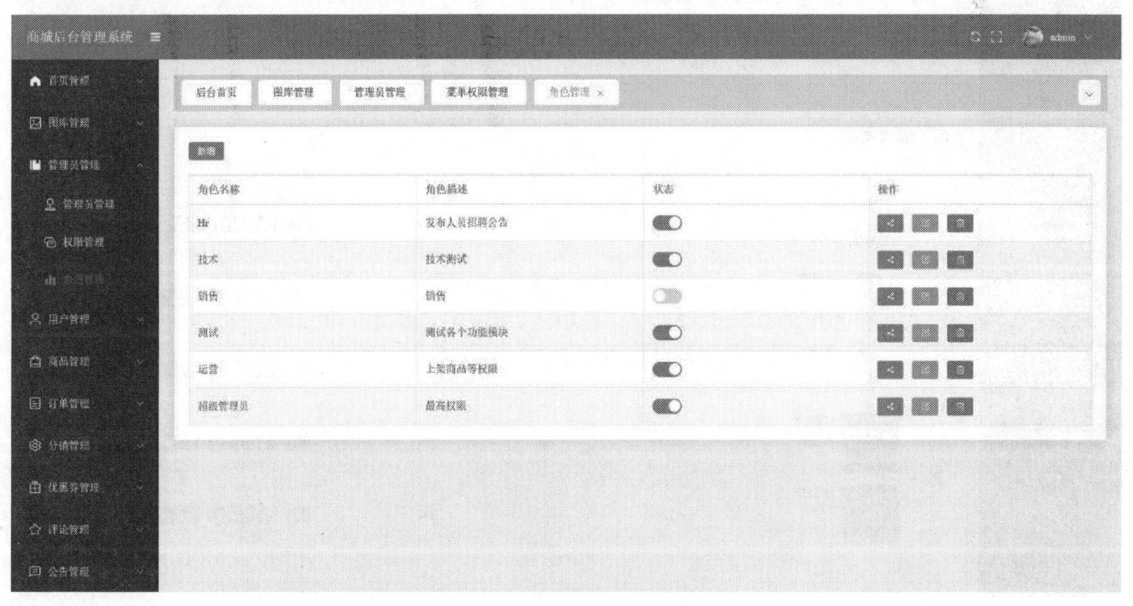

图 1-6

6．用户管理

用户管理界面如图 1-7 所示。

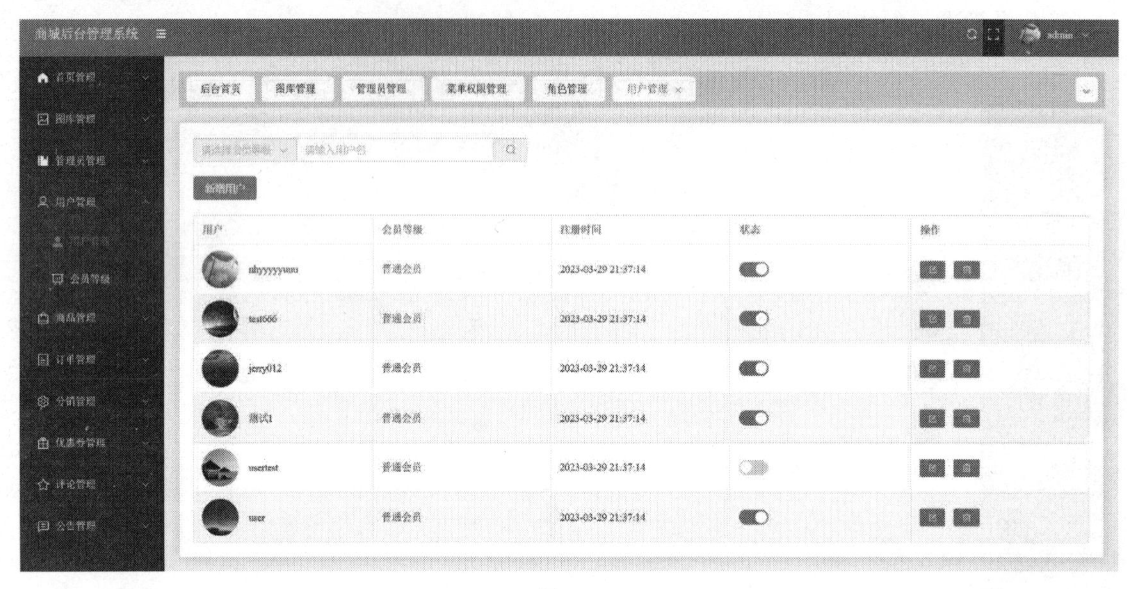

图 1-7

7．商品管理

商品管理界面如图 1-8 所示。

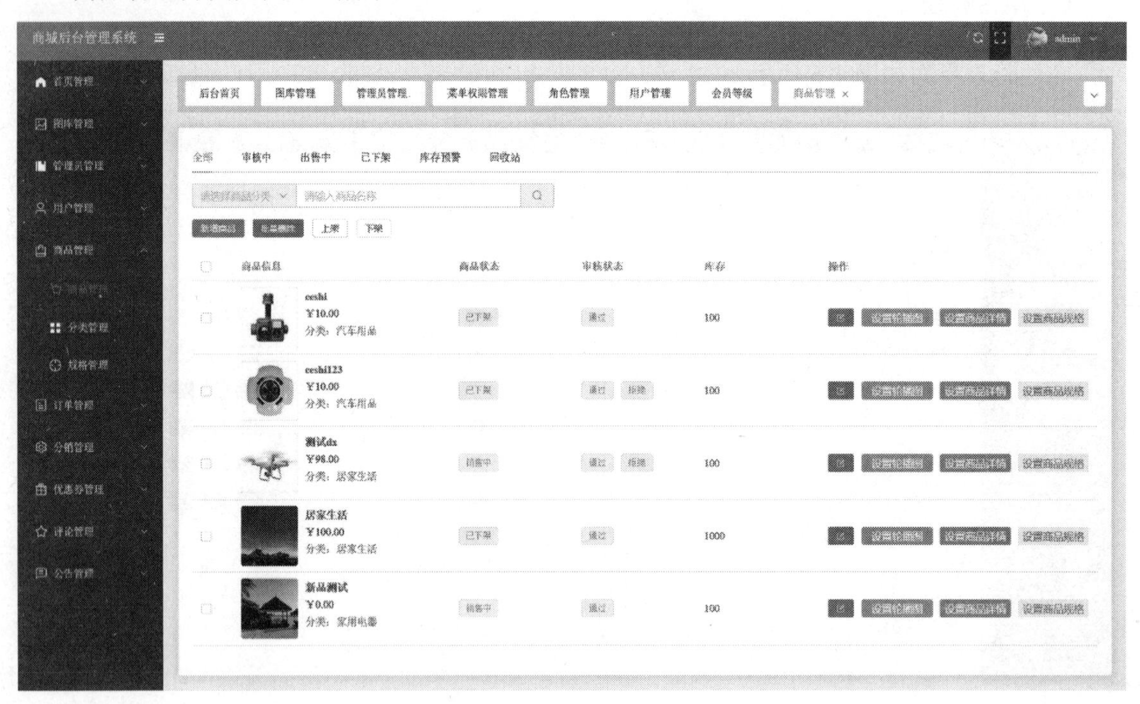

图 1-8

通过商品管理模块可以实现查看商品状态、新增商品、上/下架商品、设置详情等功能。

8. 订单管理

订单管理界面如图 1-9 所示。

图 1-9

9. 分销管理

分销管理界面如图 1-10 所示。

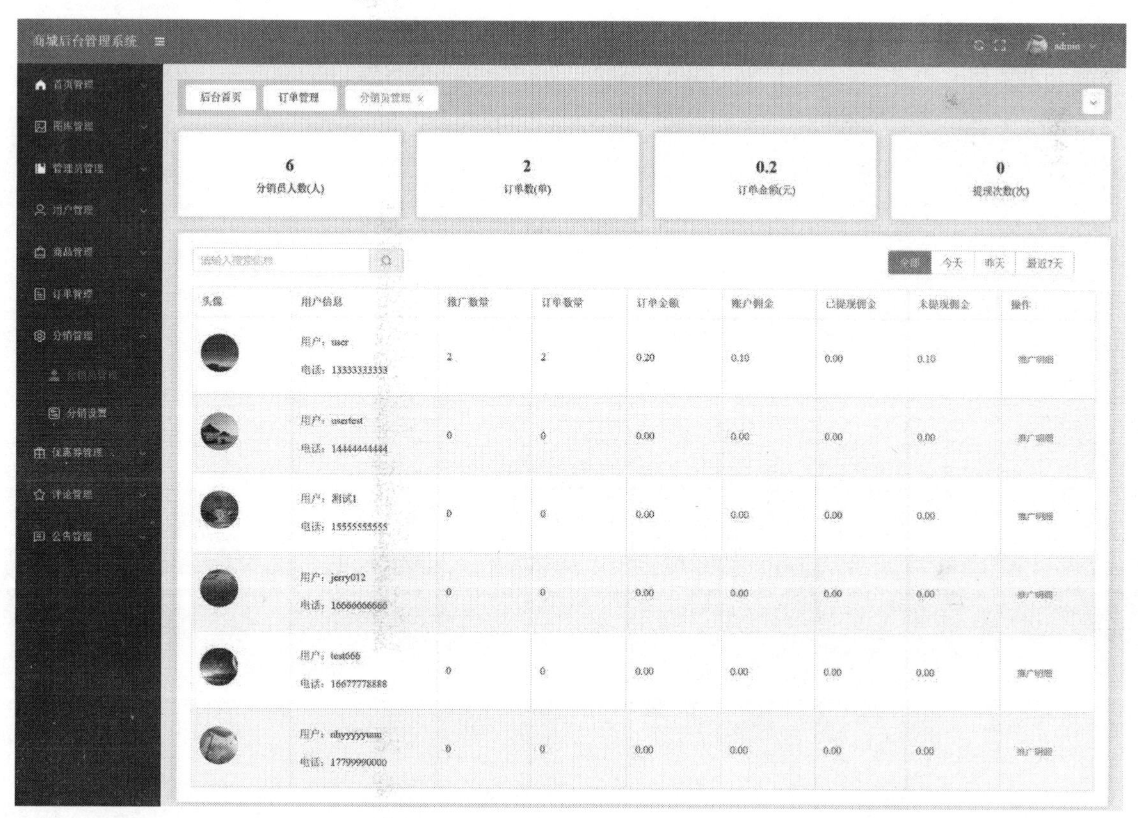

图 1-10

10．分销设置

分销设置界面如图 1-11 所示。

图 1-11

除上述演示功能界面之外，商城后台管理系统还包括优惠券管理、商品评论管理、公告管理等功能。

第 2 章

Vue3 项目管理

Vue3 是一个现代的 JavaScript 框架，它可以帮助我们快速地构建高效、可维护的 Web 应用程序。本章将使用 Vite 快速地创建项目，并自动生成一些常用的文件和配置。无论您是有经验的 Vue 开发人员，还是初学者，本章都将为您提供有价值的信息和知识。

2.1 使用 Vite 创建 Vue3 项目

本节讲解使用 Vite 快速创建 Vue3 项目，使用 Vite 创建 Vue3 项目有哪些优点呢？

- 高效的开发体验：Vite 在开发阶段具有惊人的速度，可以极大地提高开发效率。采用新的打包方式，可以在无须预先构建的情况下进行实时编译，并且在修改代码时自动更新浏览器，提高开发性能。
- 更少的依赖：Vite 不再需要像传统的 Webpack 那样打包所有的依赖，这将减少构建的时间，减小输出文件的大小，有助于提高性能。
- 灵活的配置选项：Vite 提供了很多可以配置的选项，开发者可以根据项目的需求进行自定义，如 CSS 预处理器等。
- 支持热模块替换：Vite 使用热模块替换实现在不刷新整个页面的情况下更新应用程序的部分内容。

总体来说，使用 Vite 创建 Vue3 项目可以提供更灵活、更高效的开发体验。

在了解了 Vite 的优点之后，让我们深入了解如何使用 Vite 创建 Vue3 项目，下面将展示操作过程，帮助您构建一个全新的 Vue3 应用程序。

创建站点并在终端打开，在终端中运行下述命令安装 Vite。

```
npm create vite@latest my-vue-app -- --template vue
```

注意：

项目中的所有模块均使用 npm 包管理器进行安装。

Vite 安装完成之后运行 cd 命令，进入 my-vue-app 站点，运行 npm install 命令，安装项目依赖，最后运行 npm run dev 命令，启动 Vue3 项目，操作过程如图 2-1 所示。

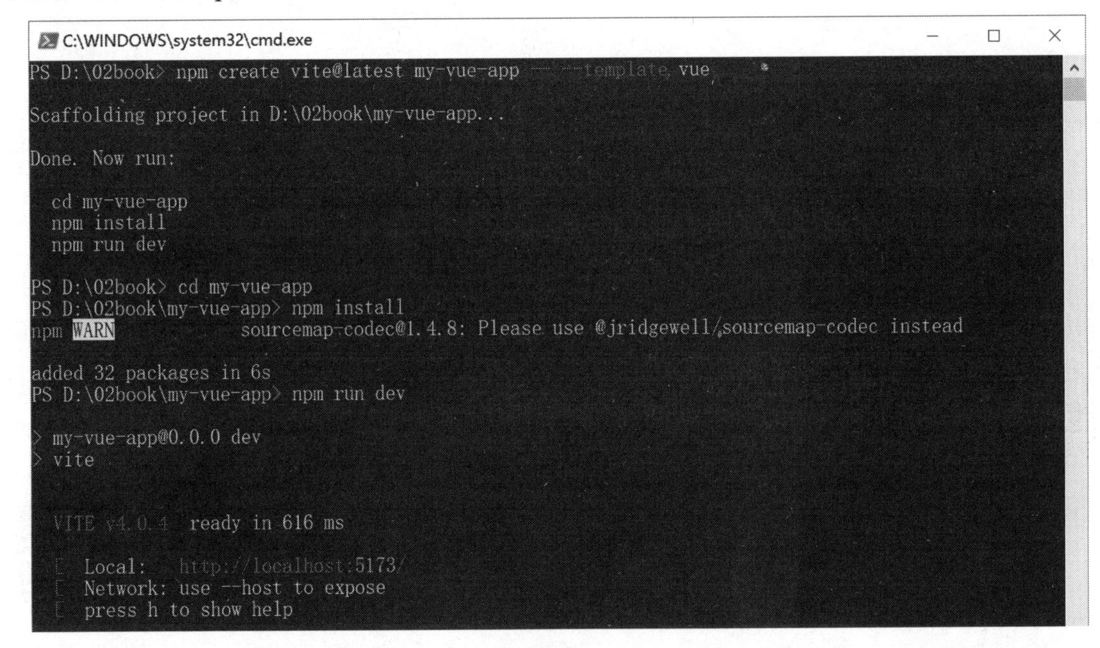

图 2-1

提示：

Vite 需要 Node.js 的版本为 14.18+，npm 的版本为 7+，当包管理器发出警告时，请注意升级 Node.js 的版本。

2.2 Vite 目录结构

在 Visual Studio Code（VSCode）编辑器中打开 my-vue-app 站点，Vite 自动生成的 Vue3 项目的初始目录结构如图 2-2 所示。

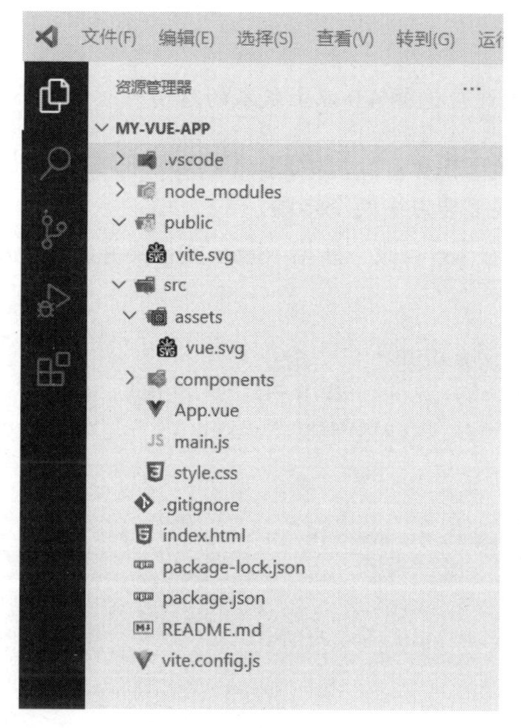

图 2-2

Vue3 项目的初始目录结构主要包含如下几项。

- node_modules：用于存放 npm 安装的各种依赖包。
- public：用于存放项目的公共文件。
- src：src 目录作为重点目录，项目代码基本都是在 src 目录中进行操作的，其中 assets 目录用于存放静态资源，如 CSS、JS 等文件，components 目录用于存放自定义组件，App.vue 是项目的根组件，main.js 是项目的入口。
- index.html：即项目首页，Vue 根组件最终挂载到首页文件。
- package.json：包管理配置文件。
- vite.config.js：Vite 的配置文件，如配置接口跨域。

2.3　配置 vue-router 路由模块

在 Vue3 项目中，路由是必不可少的模块之一，使用 Vite 创建的 Vue3 项目默认并没有安装路由模块，本节将讲解在项目中手动安装 vue-router 路由模块的方法。

运行下述命令安装 vue-router。

```
npm install vue-router@4
```

注意：

由于是 Vue3 项目，因此应选择 4.0 以上版本的路由。

接下来在项目中引入路由模块，为了方便后期对路由的管理，我们将路由模块抽离成一个独立的文件，抽离路由模块需要以下两个步骤。

（1）新增路由文件。在 src 目录下新增 router 文件夹并新建 index.js 文件，index.js 示例代码如下。

```
//createRouter：用于创建路由
//createWebHashHistory：用于设置路由模式为哈希模式
import { createRouter, createWebHashHistory } from 'vue-router'
//定义路由匹配规则
const routes = []
//创建路由实例对象
const router = createRouter({

   history:createWebHashHistory(),
   routes
})
//共享路由实例对象
export default router
```

代码解析：

在 vue-router 中引入 createRouter 方法的作用是创建路由实例对象，引入 createWebHashHistory 方法的作用是设置路由模式为哈希模式。

常量 routes 数组的作用是存储项目中所有的匹配规则。由于是自定义模块，最后使用 export 导出路由实例对象。

（2）在 main.js 入口文件挂载路由，使用路由模块，示例代码如下。

```
//引入路由自定义模块
import router from './router/index.js'
import App from './App.vue'
const app=createApp(App)
app.use(router)
```

2.4 设置文件系统路径别名

路由模块安装完成后即可在 routes 数组中定义路由匹配规则，在匹配规则中需要指定组件的路径，一个完整的组件路径引用方式如下。

```
const routes = [
```

```
    {
        path:'/home',
        component:()=>import('../components/HelloWorld.vue')
    }
]
```

项目中的绝大部分文件都是在 src 目录下操作的，上述路径地址先使用../找到 src 目录，然后找到组件文件夹，这个过程有点烦琐，通过设置路径别名的方式可以快速指定 src 目录，那要如何设置路径别名呢？

打开 vite.config.js 配置文件，配置代码的方法如下。

```
//导入 path 模块
import path from 'path'
export default defineConfig({
  //设置文件路径别名
  resolve:{
    alias:{
      "@":path.resolve(__dirname,"src")
    }
  },
  plugins: [vue()],
})
```

代码解析：

由于 Vue.js 基于 Node.js，在 Vue 中可以直接使用 Node.js 中的内置模块，需要将路径设置成绝对路径，path.resolve()方法可以将相对路径转成绝对路径。

通过 alias 属性设置别名，__dirname 表示 vite.config.js 文件所在的位置，当前表示使用@别名代替 src 目录。

将别名设置完成之后，可在路由匹配规则中进行使用，示例代码如下。

```
const routes = [
    {
        path:'/home',
        component:()=>import('@/components/HelloWorld.vue')
    }
]
```

2.5　捕获 404 路由

在路由匹配规则中，通过 path 属性设置路由地址，目前项目中只设置了一个路由地址，当访问/home 时，加载 HelloWorld 组件，但是用户输入路由地址时可能存在输入错误的情况，

为了提升用户体验，当输入一个不存在的路由地址时，应该跳转到 404 提示页面，实现步骤如下。

（1）新建 404 组件。在 src 目录新建 views 文件夹，用于保存项目中所用到的页面，在 views 文件夹下新建 404.vue 文件，示例代码如下。

```
<template>
   <div>
      404
   </div>
</template>
```

（2）新建路由匹配规则，示例代码如下。

```
const routes = [
   //捕获 404 路由
   {
      path: '/:pathMatch(.*)*',
      name: 'NotFound',
      component:()=>import('@/views/404.vue')
   }
]
```

将 404 路由匹配规则设置完成之后，用户在浏览器中只要输入了不存在的路由地址，就会跳转到 404.vue 组件，最后使用 Element Plus 提供的 result 组件美化 404 页面，404.vue 组件的示例代码如下。

```
<template>
   <div>
      <el-col>
         <el-result icon="error"
         title="404"
         sub-title="页面不存在"
         style="padding-top:150px"
         >
            <template #extra>
               <el-button type="primary" @click="$router.push('/')">返回首页
               </el-button>
            </template>
         </el-result>
      </el-col>
   </div>
</template>
```

在浏览器中输入一个不存在的路由地址，展示效果如图 2-3 所示。

图 2-3

2.6 全局引用 Element Plus

在商城后台管理项目中，页面布局以及动画特效会大量使用 Element Plus 组件库，本节将带领读者在项目中引用 Element Plus。在浏览器中搜索 Element Plus 中文文档，在项目终端运行下述命令进行安装。

```
npm install element-plus -save
```

将 Element Plus 组件库安装完成后即可在项目中引用，引用方式分为完整引入和按需引入。当前项目将演示大多数 Element Plus 组件库的使用，采用的是完整引入方式。打开 main.js 入口文件，在入口文件导入 Element Plus 组件库以及样式，并挂载到 app 实例对象，示例代码如下。

```
import { createApp } from 'vue'
import './style.css'
//引入Element Plus
import ElementPlus from 'element-plus'
//引入CSS样式
import 'element-plus/dist/index.css'
import App from './App.vue'
const app=createApp(App)
//将Element Plus注册成全局可用组件库
app.use(ElementPlus)
app.mount('#app')
```

组件库引用完成后，即可在任意组件中使用 Element Plus，例如，在 app.vue 入口组件中使用 Button 按钮。

打开 app.vue 入口组件，先将默认的代码清除，然后在 template 节点添加按钮组件，示例代码如下。

```
<el-row>
   <el-button>Default</el-button>
   <el-button type="primary">Primary</el-button>
   <el-button type="success">Success</el-button>
   <el-button type="info">Info</el-button>
   <el-button type="warning">Warning</el-button>
   <el-button type="danger">Danger</el-button>
</el-row>
```

运行程序，浏览器显示效果如图 2-4 所示。

Default Primary Success Info Warning Danger

图 2-4

第 3 章

登录管理

本章将介绍如何开发一个登录模块，让用户可以通过输入用户名和密码进行身份验证。我们将使用 Vue3 框架和相关插件构建这个模块，并学习如何使用 VueRouter 管理页面路由，以及使用 Vuex 管理应用程序状态。此外，我们还将封装 axios 发送 HTTP 请求等功能。通过对本章内容的学习，读者将获得开发一个实际的登录模块所需的核心知识和技能。

3.1 登录静态页面

在 views 目录下新增 login.vue 页面并且在路由文件中定义登录的路由匹配规则，路由匹配规则示例代码如下。

```
const routes = [
    {
        path:'/login',
        component:()=>import('@/views/login.vue')
    }
    //...
]
```

访问/login 进入 login.vue 组件，视图层代码如下。

```
<template>
   <div style="height:100% ">
      <el-row style="height:100%;background: #1AA094;">
         <el-col :lg="16" :md="12" class="col_left">
            <h1> Vue3 商城管理系统</h1>
            <span>技术支持</span>
         </el-col>
         <el-col :lg="8" :md="12" class="col_right">
            <h1>登录</h1>
            <el-form class="login-form">
               <el-form-item>
                  <el-input placeholder="请输入用户名" />
               </el-form-item>
               <el-form-item>
                  <el-input placeholder="请输入密码" />
               </el-form-item>
            </el-form>
            <el-button type="primary">登录</el-button>
         </el-col>
      </el-row>
   </div>
</template>
<script>
export default {
   name: '',
}
</script>
```

CSS 样式代码如下。

```
<style lang='less' scoped>
.col_left {
   color: #fff;
   display: flex;
   //垂直居中
   align-items: center;
   //水平居中
   justify-content: center;
   //将 flex 方向修改成垂直方向
   flex-direction: column;
}
.col_right {
   background: #fff;
   display: flex;
   align-items: center;
   justify-content: center;
   flex-direction: column;
```

```
    .login-form {
        width: 240px;
    }
}
.el-button {
    width: 240px;
    background: #1AA094;
}
</style>
```

代码解析：

登录页面布局使用了 Element Plus 提供的 Layout 网格布局，el-row 表示行，el-col 表示列，其中每一行分为 24 个分栏。

登录页面为左右分栏布局，并且采用响应式布局。当浏览器大于 1200 像素时，左列占 16 个分栏，右列占 8 个分栏；当浏览器大于 992 像素时，左右两列各占 12 个分栏；当浏览器小于 992 像素时，左右两列各占 24 个分栏。

注意：

CSS 采用 less 预处理器，在项目终端运行 npm install less 命令即可安装 less 预处理器。

返回浏览器，登录页面如图 3-1 所示。

图 3-1

为了提高页面的交互效果，Element Plus 提供了一套常用的图标集合——icon 图标，使用方法分为以下两步。

（1）安装 icon 图标。运行下述命令安装 icon 图标。

```
npm install @element-plus/icons-vue
```

在 login.vue 页面的 script 标签中按需求导入用户名和密码图标，示例代码如下。

```
<script setup>
import { UserFilled, Lock } from '@element-plus/icons-vue'
</script>
```

（2）在组件中按需求导入图标。在 template 标签中引用导入的图标，示例代码如下。

```
<el-form-item>
      <el-input placeholder="请输入用户名">
            <template #prefix>
                 <el-icon>
                       <UserFilled />
                   </el-icon>
              </template>
        </el-input>
</el-form-item>
```

icon 图标的页面展示效果如图 3-2 所示。

图 3-2

3.2 setup 语法糖

在 Vue3 中，setup()是组合式 API 的入口函数，各种属性和方法都要在 setup()函数中定义，在视图层中使用属性或者方法时，必须要使用 return 进行导出，示例代码如下。

```
<template>
    <button @click="log">{{ msg }}</button>
</template>
<script>
export default {
   name:'',
   setup(){
      const msg='Hello World'
      const log=()=>{
         console.log(msg)
      }
```

```
        return{
            msg,
            log
        }
    }
}
</script>
```

上述代码在 setup()入口函数中定义 msg 属性和 log 方法，通过 return 导出才可以在视图层使用。但是随着业务量的增大，在导出属性和方法的过程中很有可能会有遗漏，导致导出程序出错，setup 语法糖的出现可以帮助我们避免这个问题的发生。

setup 语法糖可以使代码更加简洁，有更好的运行时性能，使用语法糖之后的代码如下。

```
<template>
   <button @click="log">{{ msg }}</button>
</template>
<script setup>
const msg = 'Hello World'
const log = () => {
   console.log(msg)
}
</script>
```

代码解析：

使用 setup 语法糖之后，数据层定义的属性和方法可以在视图层直接使用。

注意：

通过 import 导入的自定义组件也可以直接在视图层进行使用。

至此，登录静态页面开发完成。

3.3 登录表单数据进行合法性验证

接下来进入登录的前后端交互处理，从客户端提交用户名和密码，登录成功可获取 token 信息。

登录功能实现步骤如下。

（1）对客户端提交的表单数据进行合法性验证。

（2）调用 API，实现数据交互。

（3）实现本地存储，保存 token 信息。

下面实现第（1）步，即对表单数据进行合法性验证，需要验证用户名、密码文本框和登录按钮。

首先验证用户名和密码是否合法，并且字符串的长度为6～15位，Element Plus提供了完整的验证规则，数据层示例代码如下。

```
<script setup>
import { ref, reactive } from 'vue'
//获取 el-form 表单 DOM 元素
const ruleFormRefLogin = ref(null)
//定义用户名和密码数据源
const ruleFormLogin = reactive({
   username: '',
   password: ''
})
//定义用户名和密码的验证规则
const rulesLogin = {
   username: [
      { required: true, message: '请输入用户名', trigger: 'blur' },
      { min: 6, max: 15, message: '长度应为 6～15 位', trigger: 'blur' },
   ],
   password: [
      { required: true, message: '请输入密码', trigger: 'blur' },
      { min: 6, max: 15, message: '长度应为 6～15 位', trigger: 'blur' },
   ]
}
</script>
```

视图层示例代码如下。

```
<el-form class="login-form"
   ref="ruleFormRefLogin"
   :model="ruleFormLogin"
   :rules="rulesLogin">
   <el-form-item prop="username">
      <el-input  v-model="ruleFormLogin.username">
      </el-input>
   </el-form-item>
   <el-form-item prop="password">
      <el-input  v-model="ruleFormLogin.password">
      </el-input>
   </el-form-item>
</el-form>
```

代码解析：

为el-form添加ref、:model、:rules属性，其中ref属性用于获取表单DOM元素，:model属性用于设置用户名和密码的数据源，:rules属性用于设置验证规则。

打开登录页面，当用户名为空，密码为123时，验证结果如图3-3所示。

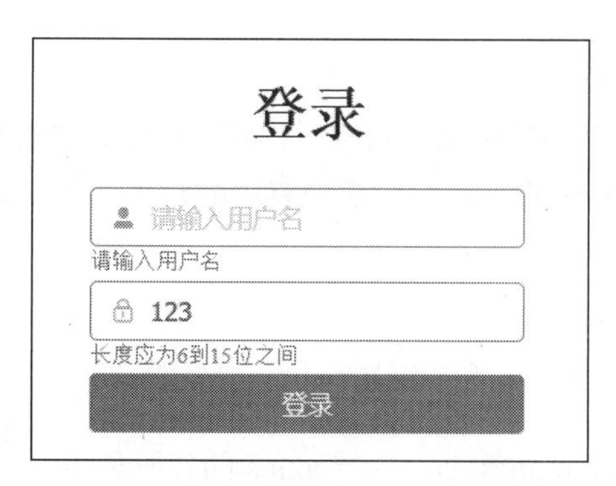

图 3-3

至此，验证用户名和密码是否合法已经完成。接下来是对“登录”按钮的验证，即当用户单击“登录”按钮时，首先触发验证规则，所有的验证规则通过进入第（2）步调用 API 实现数据交互，登录验证示例代码如下。

```
//获取 el-form 表单 DOM 元素
const ruleFormRefLogin = ref(null)
//登录
const loginHandle = () => {
   //校验整个 form 表单
   ruleFormRefLogin.value.validate(isValid => {
       if(!isValid){
           return
       }
       //...下一步
   })
}
```

代码解析：

单击“登录”按钮调用 loginHandle()方法，在 loginHandle()方法中调用 form 表单提供的 validate()方法对整个表单数据进行校验，当所有的验证规则通过，isValid 的值为 true；只要有一个验证规则不通过，isValid 的值均为 false。上述代码表示如果 isValid 的值为 false，则终止程序。

3.4　封装 axios 请求模块

对用户名和密码的验证规则检验完成之后，接下来调用登录 API 获取数据。为了增加代码的可读性和可维护性，比较规范的开发流程是在 src 目录下新建 API 文件，后期所有的 API 均保存到 api 目录。

在 src 目录下新建 utils 文件夹，在 utils 文件夹中重新封装 axios。

为什么要重新封装 axios？

在发送请求的过程中，不管是请求还是响应，都需要做数据处理，例如，在请求的过程中需要添加 token 请求头，在响应的过程中只解构有用的数据，所以规范的开发流程就是重新封装 axios，操作步骤如下。

（1）安装 axios，代码如下。

```
npm install axios
```

（2）在 utils 目录中新建 request.js，封装 axios 的代码如下。

```
//导入 axios
import axios from 'axios'
//创建 axios 实例对象
const instance=axios.create({
    //设置项目基准地址
    baseURL:'',
    //设置请求超时时间为 5 秒
    timeout:5000
})
//设置请求拦截器
instance.interceptors.request.use(config=>{
    return config
})
//设置响应拦截器
instance.interceptors.response.use(response=>{
    return response
})
export default instance
```

代码解析：

通过 baseURL 属性设置项目基准地址，通过 timeout 属性设置请求超时时间，请求拦截器和响应拦截器必须 return 出去，否则程序会卡在拦截器中不能往下执行。

注意：

上述代码只是定义了拦截器，还没有做任何拦截处理。

3.5 登录 API 交互

axios 封装完成即可在项目中调用登录 API，接口文档信息如下。

请求 URL：admin/login

请求方式：POST

请求参数：

参 数 名	是 否 必 选	类　　型	说　　明
username	是	String	用户名
password	是	String	密码

返回示例：

```
{
   data: {
       status: 200,
       token: "73e2eb7dc7772e777c085243ff3e9272ad4b6b24"
    }
    msg: "ok"
}
```

在 api 目录中新建 login.js 模块，使用 axios 调用接口，示例代码如下。

```
//导入 axios
import request from '@/utils/request'
//共享登录方法
export const loginFn=(data)=>{
    return request({
        url:'admin/login',
        method:'POST',
        data
    })
}
```

返回 login.vue 登录组件，导入 login.js 模块，解构出 loginFn 方法，进行调用，示例代码如下。

```
import { loginFn } from '@/api/login'
//登录
const loginHandle = () => {
    //校验整个 form 表单
    ruleFormRefLogin.value.validate(async isValid => {
        if (!isValid) {
            return
        }
        //调用登录 API
        const res = await loginFn(ruleFormLogin)
        console.log(res)
    })
}
```

代码解析：

由于返回的结果是 promise 数据，最好的处理方式是使用 async 和 await 修饰，在调用

loginFn(ruleFormLogin)方法的同时传入提前定义好的数据源。

返回浏览器，在登录页面输入用户名和密码，测试用户名和密码均为 admin，控制台的打印结果如图 3-4 所示。

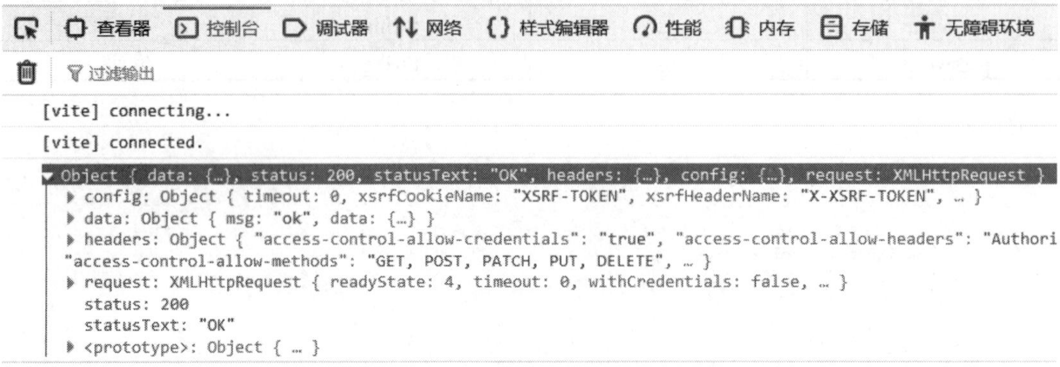

```
查看器 控制台 调试器 网络 样式编辑器 性能 内存 存储 无障碍环境
过滤输出
[vite] connecting...
[vite] connected.
▼ Object { data: {…}, status: 200, statusText: "OK", headers: {…}, config: {…}, request: XMLHttpRequest }
  ▶ config: Object { timeout: 0, xsrfCookieName: "XSRF-TOKEN", xsrfHeaderName: "X-XSRF-TOKEN", … }
  ▶ data: Object { msg: "ok", data: {…} }
  ▶ headers: Object { "access-control-allow-credentials": "true", "access-control-allow-headers": "Authori
"access-control-allow-methods": "GET, POST, PATCH, PUT, DELETE", … }
  ▶ request: XMLHttpRequest { readyState: 4, timeout: 0, withCredentials: false, … }
    status: 200
    statusText: "OK"
  ▶ <prototype>: Object { … }
```

图 3-4

图 3-4 显示了可以成功获取服务器端的数据，但是除了 data 属性之外，其他属性均不需要，因为服务器端响应回来的 token 信息在 data 属性中。

如何只获取 data 属性？这就需要在 axios 的响应拦截器中进行设置，打开 request.js 模块，响应拦截器代码如下。

```
//设置响应拦截器
instance.interceptors.response.use(response=>{
   return response.data
},err=>{
   return err.response.data
})
```

重新单击“登录”按钮，控制台的打印结果如图 3-5 所示。

图 3-5

从图 3-5 可看出用户登录成功，接下来使用 Element Plus 提供的 Message 组件将登录成功的信息以弹框的形式显示出来，Message 组件的使用方法如下。

```
import { ElMessage } from 'element-plus'
//登录
const loginHandle = () => {
```

```
    //...
        ElMessage({
            message: '登录成功',
            type: 'success',
        })
    })
}
```

代码解析：

Message 组件的使用方法是首先导入 Message 组件，当登录 API 调用成功之后，再调用 Message 方法。

为了确保程序的严谨性，在弹出登录成功对话框之前，应该先判断登录失败的情况，判断代码如下。

```
//登录
const loginHandle = () => {
       //...
        const res = await loginFn(ruleFormLogin)
        console.log(res)
        if (!res.data || res.data.status !== 200) {
            //登录失败提示
            return  ElMessage.error(res.msg)
        }
        //登录成功提示 ...
    })
```

代码解析：

判断服务器是否返回了 data 属性，并且判断状态码是否等于 200，如果 if 语句为 true，弹出登录失败对话框；如果没有执行 if 语句，则弹出登录成功对话框。

3.6　本地存储 token 信息

当用户登录成功后，服务器端返回 token 字符串，token 字符串在整个项目中是至关重要的，后续所有的 API 在请求的过程中首先要做权限认证，认证方式是在请求头中携带 token 字符串，所以登录成功之后需要把 token 字符串保存到本地。

本地存储的方式有 3 种，分别是 Cookie 存储、localStorage 存储、sessionStorage 存储，对于这 3 种存储方式，我们可以任意选择，对于当前项目，选择的是 sessionStorage 存储，示例代码如下。

```
//登录
const loginHandle = () => {
```

```
      //...
      //登录成功提示
      ElMessage({
          message: '登录成功',
          type: 'success',
      })
      //token 本地存储
      window.sessionStorage.setItem("token", res.data.token)
  })
}
```

通过 window.sessionStorage.setItem()方法设置本地存储名称，值就是服务器端响应回来的 token 字符串，登录成功的控制台显示效果如图 3-6 所示。

图 3-6

登录成功之后的最后一个操作是页面跳转，登录成功跳转到后台首页，通过 router.push()方法进行页面跳转，示例代码如下。

```
import {useRouter} from 'vue-router'
const router=useRouter()
//登录
const loginHandle = () => {
      //...
      //token 本地存储
      window.sessionStorage.setItem("token", res.data.token)
      //跳转到后台首页
      router.push('/home')

  })
}
```

3.7 根据 token 获取管理员信息

用户登录成功会获取 token 字符串，根据 token 字符串可获取管理员信息，根据 token 获

取管理员信息接口文档信息如下。

请求 URL：admin/ getUserInfo

请求方式：POST

请求参数：在 Header 请求头中携带 token 字符串

返回示例：

```
{
  data: { status: 200, id: 3, username: "admin", … }
   msg: "ok"
}
```

返回 api 目录下的 login.js 模块，根据接口文档定义发送请求 API 的方法，示例代码如下。

```
//共享根据 token 获取管理员信息方法
export const getUserInfoFn=()=>{
    return request({
        url:'admin/getUserInfo',
        method:'POST'
    })
}
```

注意：

在当前接口中并没有携带 token 字符串，这是因为后期所有的接口都需要在请求头中携带 token 字符串，所以 token 字符串应该定义在请求拦截器中，请求拦截器示例代码如下。

```
//设置请求拦截器
instance.interceptors.request.use(config => {
    const token = window.sessionStorage.getItem('token')
    if (token) {
        config.headers['token'] = token
    }
    return config
})
```

getUserInfoFn 接口定义完成后应该在什么时间点进行调用？

返回 login.vue 组件，在登录方法中进行调用，将 token 字符串保存到 sessionStorage 之后就可以调用 getUserInfoFn()方法，示例代码如下。

```
//登录
const loginHandle = () => {
        //...
        //token 本地存储
        window.sessionStorage.setItem("token", res.data.token)
        //调用 getUserInfoFn()方法获取管理员信息
        const res2 = await getUserInfoFn()
```

```
        console.log(res2)
        if (!res2.data || res2.data.status !== 200) {
            //获取管理员信息失败
            return ElMessage.error('获取管理员信息失败')
        }
        //获取管理员信息成功
        //...
    })
}
```

代码解析：

上述代码中的 res2 就是服务器端返回的管理员信息，注意获取管理员信息之后，不要把数据直接保存在当前页面，因为管理员数据不仅仅是在当前组件中使用。比较好的解决方案是将管理员信息保存到 Vuex 仓库，实现步骤将在 3.9 节详细讲解。

3.8 禁止用户重复登录

在登录页面中，每单击一次“登录”按钮就会调用一次 API，API 的请求过程也是需要时间的。当前程序可能存在这样一种情况：第一次单击“登录”按钮之后，在接口请求的过程中又重复单击了“登录”按钮，这就会造成接口的多次调用。

那么如何禁止用户重复单击“登录”按钮呢？

Element Plus 为 Button 按钮提供了 loading 属性，loading 的属性值为 true 表示禁止单击；值为 false 表示正常单击，实现步骤如下。

（1）定义 loading 属性值（默认值为 false）。

（2）在登录方法中调用登录 API 之前将 loading 的值修改成 true。

（3）接口调用完成后将 loading 的值修改成 false。

首先为 Button 按钮绑定 loading 事件，视图层代码如下。

```
<el-button type="primary" @click="loginHandle" :loading="loading">
登录
</el-button>
```

数据层代码如下。

```
//定义 loading 属性值
const loading = ref(false)
//登录
const loginHandle = () => {
    //校验整个 form 表单
    ruleFormRefLogin.value.validate(async isValid => {
```

```
        try {
            if (!isValid) {
                return
            }
            //表单验证通过，开始调用接口，将loading的值设置为true
            loading.value = true
            //...下一步
            const res = await loginFn(ruleFormLogin)
            if (!res.data || res.data.status !== 200) {
                //登录失败提示
                return ElMessage.error(res.msg)
            }
            //登录成功提示
            ElMessage({
                message: '登录成功',
                type: 'success',
            })
            //token本地存储
            window.sessionStorage.setItem("token", res.data.token)
            //调用getUserInfoFn()方法
            const res2 = await getUserInfoFn()
            if (!res2.data || res2.data.status !== 200) {
                //获取管理员信息失败
                return ElMessage.error('获取管理员信息失败')
            }
            //获取管理员信息成功
            //跳转到后台首页
            //router.push('/home')

        } catch (err) {
            console.log(err)
        } finally {
            //接口调用完成，将loading的值设置成false
            loading.value = false
        }
    })
}
```

代码解析：

上述代码将登录方法修改成了try...catch...finally语句，这是因为我们要在finally方法中将loading的值设置成false。

不管promise最后的状态是成功还是失败，finally方法中的代码都会执行，finally方法的执行，表示try...catch中的代码执行完毕。

返回浏览器，重新单击“登录”按钮，在请求接口的过程中按钮处于加载状态，如图3-7所示。

图 3-7

3.9 使用 Vuex 仓库管理用户信息

在登录方法中根据 token 获取管理员信息之后并没有对其进行保存，这是因为其他组件也需要使用管理员信息，完美的解决方案是把管理员信息保存到 Vuex 仓库，Vuex 仓库中的属性和方法可以在任意组件中被直接使用，避免了不必要的数据传递，接下来在项目中使用 Vuex。

运行下述命令安装 Vuex。

```
npm install vuex@next --save
```

在 src 目录中新建 store 文件夹并创建 index.js 模块，Vuex 初始代码如下。

```
//引入 createStore 方法
import {createStore} from 'vuex'
//创建仓库实例
const store = createStore({
    state () {
      return {
        //定义管理员信息
        userInfo:{}
      }
    },
    mutations: {
        //修改管理员信息
        setUserInfo(state,userInfo){
            state.userInfo=userInfo
        }
    },
    actions:{
    }
  })
  export default store
```

代码解析：

在 state()中定义需要共享的各种属性，上述代码定义 userInfo 属性存储管理员信息，属性值默认是空对象。

state()中定义的属性必须在 mutations 中定义方法进行修改，上述代码定义 setUserInfo()方法修改管理员信息，第二个形参 userInfo 是传递过来的真实管理员数据。

接下来在 main.js 中引入 Vuex 模块，示例代码如下。

```
//引入 Vuex
import store from '@/store'
app.use(store)
```

Vuex 引入完成即可在任意组件中使用 store 仓库中的属性或方法，返回 login.vue 页面，根据 token 获取管理员信息之后，将数据保存到 store 仓库，示例代码如下。

```
//解构 useStore 方法
import {useStore} from 'vuex'
//获取仓库实例
const store=useStore()
//登录
const loginHandle = () => {
  ruleFormRefLogin.value.validate(async isValid => {
    try {
      //...
      //获取管理员信息成功，调用 Vuex 方法
      store.commit('setUserInfo',res2.data)
      //跳转到后台首页
      router.push('/home')

    } catch (err) {
      console.log(err)
    } finally {
      loading.value = false
    }
  })
}
```

代码解析：

通过 store.commit()方法触发仓库中的 setUserInfo()方法，并传入真实的管理员信息，此时管理员数据保存到 Vuex 仓库，之后可以在任意组件中使用。

3.10　全局路由守卫

用户登录成功后跳转到/home 后台首页，并且在 sessionStorage 中存储 token 字符串，当前

程序存在以下两个问题。

（1）删除 sessionStorage 中的 token 字符串之后，还是可以访问后台首页，这是非常不合理的，删除 token 表示没有登录，既然没登录，应该跳转到登录页面。

（2）登录成功之后还可以访问登录页面，有可能出现重复登录的情况。

使用全局路由守卫可以解决上述两个问题，打开 router 目录下的路由文件，路由守卫代码如下。

```
//创建路由实例对象
const router = createRouter({
  history: createWebHashHistory(),
  routes
})
//全局路由守卫
router.beforeEach((to, from, next) => {
  //获取 token
  const tokenStr = window.sessionStorage.getItem('token')
  //如果未登录，跳转到登录页面
  if (!tokenStr && to.path !== '/login') return next('/login')
  //如果已登录，则禁止返回登录页面
  if (tokenStr && to.path == '/login') {
    return next({ path: from.path ? from.path : '/' })
  }
  next()
})
```

代码解析：

使用 router.beforeEach()方法实现全局路由守卫，to 表示要跳转的页面，from 表示当前页面，next 是放行开关。

如果没有 token 字符串，并且要跳转的页面不是登录页，则强制跳转到登录页面；如果已经登录，则禁止返回登录页面。

3.11 Vuex 数据持久化

管理员登录成功，调用 mutations 中的 setUserInfo 方法将管理员数据保存到 Vuex 仓库，在后台首页组件就可以调用仓库中的数据，例如，在后台首页调用管理员信息，示例代码如下。

```
<template>
  <div>{{$store.state.userInfo }}</div>
</template>
```

上述代码可以将管理员信息渲染到视图层，注意此时的 Vuex 并没有实现持久化，当页面刷新，管理员数据就丢失了，这一节将带领读者实现数据持久化，解决数据丢失的问题。实现步骤如下。

（1）删除 login.vue 登录组件中根据 token 获取管理员信息的方法。首先打开 login.vue 组件，需要删除的代码如下。

```
//登录
const loginHandle = () => {
    //...
    //调用 getUserInfoFn()
    // const res2 = await getUserInfoFn()
    // console.log(res2)
    // if (!res2.data || res2.data.status !== 200) {
    //     //获取管理员信息失败
    //     return ElMessage.error('获取管理员信息失败')
    // }
    // //获取管理员信息成功
    // store.commit('setUserInfo',res2.data)
    //...
}
```

将上述代码注释部分全部删除，则步骤（1）的操作完成。

（2）在 Vuex 模块中调用根据 token 获取管理员信息的方法。在 Vuex 模块中调用 API 获取管理员信息，示例代码如下。

```
import { getUserInfoFn } from '@/api/login'
//创建仓库实例
const store = createStore({
    //...
    actions:{
      //获取登录用户信息
      getUserInfo(context){
        return new Promise((resolve,reject)=>{
          getUserInfoFn().then(res=>{
            context.commit('setUserInfo',res)
            resolve(res)
          }).catch(err=>reject(err))
        })
      }
    }
})
```

代码解析：

在 Vuex 模块中导入 getUserInfoFn()方法用于获取管理员信息，由于调用 getUserInfoFn()方法属于异步操作，所以需要在 actions 属性中进行调用。

Promise 是异步操作的一种解决方案，在方法中返回一个 Promise 实例对象，获取管理员信息之后，通过 context.commit()方法触发 mutations 中的 setUserInfo 方法，并传入获取到的管理员信息。

（3）在全局路由守卫中判断是否登录，示例代码如下。

```
import store from '@/store'
//全局路由守卫
router.beforeEach(async (to, from, next) => {
    //...
    //如果用户登录成功，调用 Vuex 方法，存储用户信息
    if(tokenStr){
        await store.dispatch('getUserInfo')
    }
    next()
})
```

代码解析：

通过 store.dispatch()方法触发 actions 中定义的 getUserInfo()方法，由于 getUserInfo()方法返回的是 Promise，所以使用 async 和 await 修饰。

只要管理员登录成功，通过上述 3 个步骤，即可将信息永久存储到 Vuex 仓库。

3.12 退出登录

与登录功能相对应的是退出功能，打开后台首页 Home.vue 组件，在后台首页实现退出登录功能。

在视图层添加“退出登录”按钮，示例代码如下。

```
<el-button @click="logout">退出登录</el-button>
```

单击“退出登录”按钮，调用 logout()方法，注意，单击按钮时不要立即执行退出操作，单击按钮首先调用 Element Plus 弹出对话框组件，确定退出后再执行退出操作，Element Plus 弹框的代码如下。

```
import { ElMessage, ElMessageBox } from 'element-plus'
//退出登录方法
const logout = async () => {
    const res = await ElMessageBox.confirm(
        '是否退出登录?',
        '注意',
        {
            confirmButtonText: '确定',
            cancelButtonText: '取消',
            type: 'warning',
```

```
        }
    ).catch(err=>{
        return err
    })
    console.log(res)
}
```

打开浏览器，单击“退出登录”按钮，提示退出登录的对话框如图 3-8 所示。

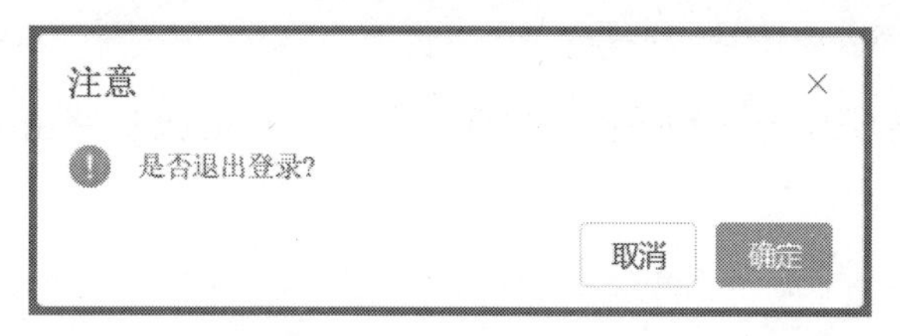

图 3-8

在上述代码中单击“确定”按钮时，res 的值为 confirm，单击“取消”按钮时，res 的值为 cancel，根据 res 的值判断是否执行退出操作，示例代码如下。

```
import {useRouter} from 'vue-router'
import {useStore} from 'vuex'
//退出方法
const logout = async () => {
    //...
    console.log(res)
    if (res == 'confirm') {
        //用户单击了“确定”按钮
        //删除本地 token
        window.sessionStorage.removeItem('token')
        //删除 Vuex 中的用户信息
        store.commit('setUserInfo',{})
        //跳转到登录页面
        router.push({ path: "/login" });
    }
}
```

代码解析：

单击“确定”按钮依次执行删除本地 token、删除 Vuex 中的用户状态、跳转到登录页面等操作。

3.13　使用 loading 进度条

当前程序页面之间的跳转是没有任何交互效果的，为了提升用户体验，在页面之间跳转时

可添加 loading 进度条，步骤如下。

（1）安装第三方模块 nprogress，安装命令如下。

```
npm i nprogress
```

（2）在 main.js 中引入 nprogress 样式。nprogress 模块安装完成后，打开 main.js 入口文件，引入 CSS 样式，示例代码如下。

```
import 'nprogress/nprogress.css'
```

（3）在全局路由守卫中开启和关闭进度条。在 router/index.js 路由文件中开启和关闭进度条的示例代码如下。

```
import nProgress from 'nprogress'
//全局前置路由守卫
router.beforeEach(async (to, from, next) => {
   nProgress.start()
   //...
   next()
})
//全局后置路由守卫
router.afterEach((to,from)=>{
   nProgress.done()
})
```

代码解析：

在全局前置路由守卫中调用 nProgress.start()开启进度条，在全局后置路由守卫中调用 nProgress.done()关闭进度条。

注意：

全局前置路由守卫是在进入每一个路由之前都会调用的回调，全局后置守卫是在路由跳转完成之后调用的回调，所以应该在页面跳转之前开启进度条，在进入页面之后关闭进度条。

第 4 章

后台主框架

本章将开发商城后台首页，以便管理员可以管理和监控网站的各种数据。我们将使用 Vue3 框架和相关插件构建这个首页，并讨论如何使用 Element Plus 组件库提高页面的可用性和用户体验。此外，还将介绍如何使用 echarts 数据可视化工具呈现数据。通过对本章的学习，读者将学会如何将 Vue3 和各种工具、库结合起来开发一个高质量的后台首页。

4.1 商城后台首页静态页面布局

商城后台首页如图 4-1 所示。

从图 4-1 可见，商城后台页面布局分为头部、左侧菜单和右侧菜单区域。头部区域和左侧菜单区域是固定的，切换路由时，只有右侧区域是变化的，在后期会将固定的区域抽离成公共布局，通过 Element Plus 提供的 container 布局容器实现首页框架。

打开 Home.vue 后台首页组件，视图层示例代码如下。

```
<div style="height:100%">
<el-container style="height:100%">
    <el-header>
        <!-- 头部区域 -->
        <Header></Header>
    </el-header>
```

```
        <el-container>
            <el-aside width="200px">
                <!-- 左侧菜单 -->
                <Menu></Menu>
            </el-aside>
            <el-main>
                <!-- 导航菜单 -->
                <TagMenu></TagMenu>
                <!-- 主体内容 -->
                <router-view></router-view>
            </el-main>
        </el-container>
    </el-container>
</div>
```

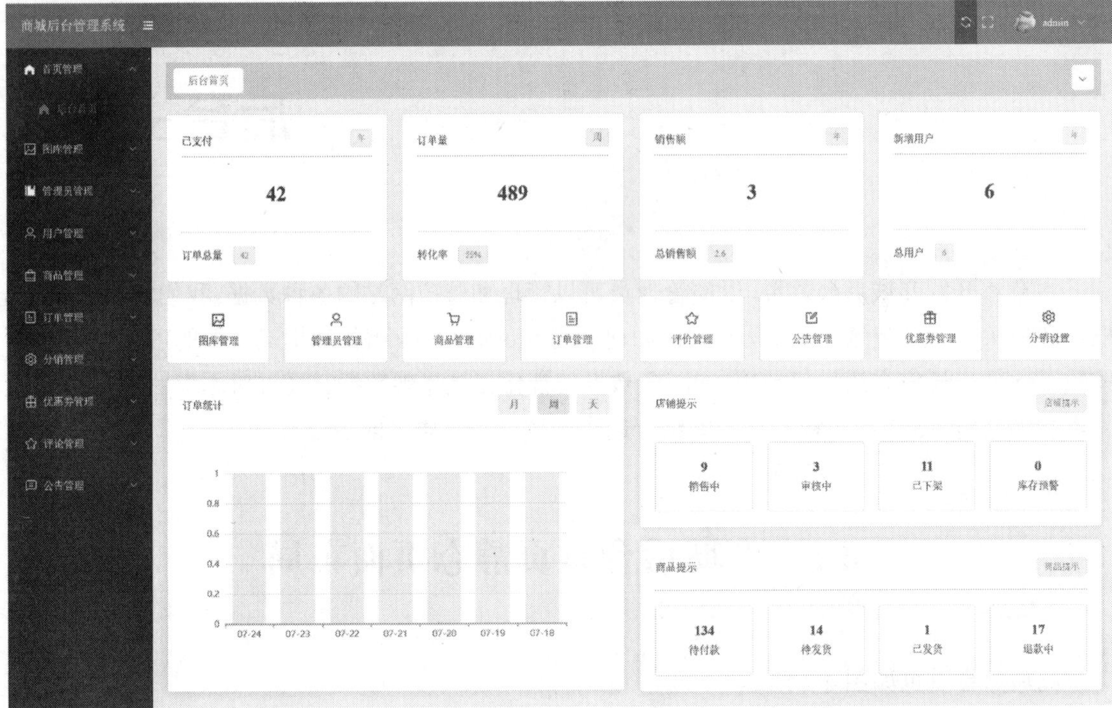

图 4-1

CSS 样式代码如下。

```
.el-header{
   background: #1AA094;
}
.el-main{
   background: #F2F4F5;
   height: 100%;
}
.el-aside{
```

```
    height: 100%;
}
```

通过上述代码，网站的头部区域、左侧菜单区域以及右侧主体内容区域布局完成。

为了提高代码的可读性和可维护性，接下来进行代码分离，将头部区域、左侧菜单区域、主体区域中的导航菜单抽离成独立模块。

在 components 目录中分别创建 Header.Vue、Menu.Vue、TagMenu.Vue 子组件，在 Home.vue 父组件分别进行引用，示例代码如下。

```
import Header from '@/components/Header.vue'
import Menu from '@/components/Menu.vue'
import TagMenu from '@/components/TagMenu.vue'
```

代码分离完成的头部区域在 Header 组件开发，左侧菜单区域在 Menu 组件开发，tag 导航在 TagMenu 组件开发。

4.2　Header 组件样式开发

本节将实现 Header 组件样式布局，头部样式分为左列和右列两部分，显示效果如图 4-2 所示。

图 4-2

左列为 logo 和 icon 图标，右列为个人信息相关的内容，使用 flex 布局可轻松实现左右列布局，静态代码如下。

```
<div class="header">
    <!-- 左列 -->
    <span class="logo">
        商城后台管理系统
    </span>
    <el-icon class="icon">
        <Fold />
    </el-icon>
    <!-- 右列 -->
    <div class="f_right">
        <el-icon class="icon">
            <Refresh />
        </el-icon>
        <el-icon class="icon">
            <FullScreen />
```

```
        </el-icon>
        <el-dropdown>
            <span>
                <el-avatar :size="30" :src="$store.state.userInfo.avatar" />
                {{ $store.state.userInfo.username }}
                <el-icon class="el-icon--right" style="margin-left:10px">
                    <arrow-down />
                </el-icon>
            </span>
            <template #dropdown>
                <el-dropdown-menu>
                    <el-dropdown-item>修改密码</el-dropdown-item>
                    <el-dropdown-item>退出登录</el-dropdown-item>
                </el-dropdown-menu>
            </template>
        </el-dropdown>
    </div>
</div>
```

代码解析：

在上述代码中，可以直接从 Vuex 仓库中获取管理员头像和管理员用户名，通过$store.state.userInfo.avatar 获取管理员头像，通过$store.state.userInfo.username 获取管理员用户名。

CSS 样式代码如下。

```
<style lang='less' scoped>
.header {
    height: 100%;
    display: flex;
    color: #fff;
    align-items: center;

    .f_right {
        margin-left: auto;
        display: flex;
        align-items: center;
        height: 100%;
        padding-right: 20px;

        .el-dropdown {
            margin-left: 20px;
            color: #fff;
            cursor: pointer;

            span {
                display: flex;
                align-items: center;
```

```
                .el-avatar{
                    margin-right: 10px;
                }
            }
        }
    }
    .logo {
        font-size: 18px;
        padding-right: 16px;
    }
    .icon {
        width: 30px;
        height: 100%;
        cursor: pointer;
        font-size: 18px;
        font-weight: bold;
    }
    .icon:hover {
        background: #065327;
    }
}
</style>
```

4.3　页面刷新及浏览器全屏

管理员头像左侧的两个 icon 图标分别表示刷新页面和浏览器全屏功能，本节将实现的第一个功能是当鼠标移动到 icon 图标时使用 Element Plus 提供的 Tooltip 组件弹出文本提示，效果展示如图 4-3 所示。

图 4-3

示例代码如下。

```
<el-tooltip :enterable="false" effect="dark" placement="bottom"content="刷新">
        <el-icon class="icon">
            <Refresh />
```

```
        </el-icon>
</el-tooltip>
```

浏览器全屏提示和页面刷新提示使用相同的 Tooltip 组件即可。接下来为 icon 图标绑定单击事件并实现事件的功能，示例代码如下。

视图层代码如下。

```
<Refresh @click="refreshHandle" />
<FullScreen @click="toggle" />
```

数据层代码如下。

```
<script setup>
//浏览器全屏方法
import { useFullscreen } from '@vueuse/core'
const { toggle } = useFullscreen()
//页面刷新方法
const refreshHandle=()=>{
   location.reload()
}
</script>
```

代码解析：

浏览器全屏使用 vueuse 工具库，运行 npm i @vueuse/core 命令即可安装 vueuse，从工具中导入 useFullscreen，使用 toggle 方法实现全屏切换功能。

4.4 修改管理员密码

本节将实现修改管理员密码功能，对于静态页面，使用 Element Plus 提供的 Dialog 对话框实现，展示效果如图 4-4 所示。

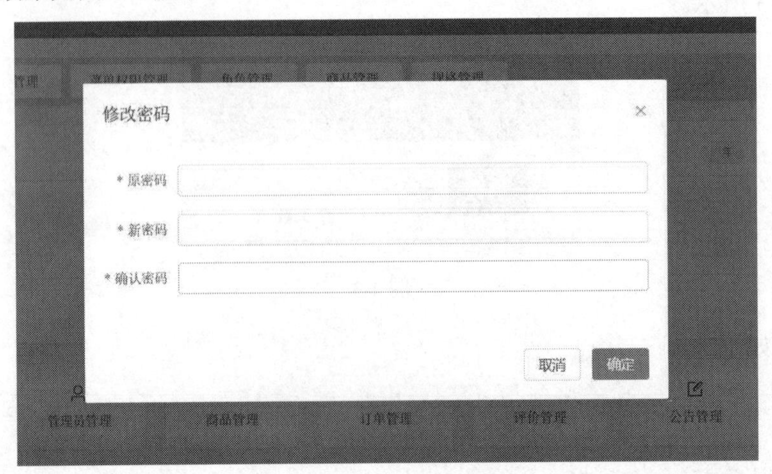

图 4-4

修改管理员密码的步骤如下。

（1）为 dropdown 下拉菜单绑定单击事件，视图层代码如下。

```
<el-dropdown @command="commandHandle">
      //...
      <template #dropdown>
         <el-dropdown-menu>
            <el-dropdown-item command="editPassword">
               修改密码
            </el-dropdown-item>
            <el-dropdown-item command="logoutFn">
               退出登录
            </el-dropdown-item>
         </el-dropdown-menu>
      </template>
</el-dropdown>
```

数据层代码如下。

```
//下拉菜单事件
const commandHandle = (res) => {
   if (res == 'editPassword') {
      //修改密码
   }
   if (res == 'logoutFn') {
      //退出登录
   }
}
```

调用 dropdown 组件的 command 事件为下拉菜单绑定事件回调，当 res 的值为 editPassword 时，表示用户单击了“修改密码”选项。

（2）打开“修改密码”对话框，视图层代码如下。

```
<!--“修改密码”对话框 -->
<el-dialog v-model="dialogEditPassword" title="修改密码" width="40%">
      <el-form ref="ruleFormRefEdit" :model="ruleFormEdit" :rules=
"rulesEdit" label-width="80px">
         <el-form-item label="原密码" prop="oldpassword">
            <el-input v-model="ruleFormEdit.oldpassword" />
         </el-form-item>
         <el-form-item label="新密码" prop="password">
            <el-input v-model="ruleFormEdit.password" />
         </el-form-item>
         <el-form-item label="确认密码" prop="repassword">
            <el-input v-model="ruleFormEdit.repassword" />
         </el-form-item>
      </el-form>
```

```
        <template #footer>
            <span class="dialog-footer">
                <el-button @click="dialogEditPassword = false">
                    取消
                </el-button>
                <el-button @click="editPasswordHandle">
                    确定
                </el-button>
            </span>
        </template>
</el-dialog>
```

数据层代码如下。

```
//默认关闭“修改密码”对话框
const dialogEditPassword = ref(false)
//form 表单数据源
const ruleFormEdit = reactive({
    oldpassword:'',
    password:'',
    repassword:''
})
//form 表单验证规则
const rulesEdit = reactive({
    oldpassword:[
    { required: true, message: '请输入原始密码', trigger: 'blur' }
    ],
    password:[
    { required: true, message: '请输入新密码', trigger: 'blur' }
    ],
    repassword:[
    { required: true, message: '请输入确认密码', trigger: 'blur' }
    ]
})
//获取 form 表单 DOM 元素
const ruleFormRefEdit = ref(null)
//调用修改密码 API
const editPasswordHandle=()=>{
}
//下拉菜单事件
const commandHandle = (res) => {
    if (res == 'editPassword') {
        //打开“修改密码”对话框
        dialogEditPassword.value = true
    }
}
```

代码解析：

ruleFormEdit 属性的作用是设置 form 表单数据源，rulesEdit 属性的作用是设置表单验证规则，ruleFormRefEdit 属性的作用是获取表单 DOM 元素，editPasswordHandle()方法的作用是调用修改密码 API。

（3）调用修改密码 API。单击对话框中的“确定”按钮调用修改密码 API。注意，调用接口之前应该先判断用户填写的表单数据是否合法，须在验证规则全部通过后再调用 API，表单验证代码如下。

```
//调用修改密码 API
const editPasswordHandle=()=>{
    ruleFormRefEdit.value.validate(isValid=>{
        if(!isValid){
            return
        }
    })
}
```

代码解析：

获取 form 表单 DOM 元素，调用 validate 方法对整个表单数据进行验证，若验证全部通过，isValid 返回 true；只要有一个验证不通过，isValid 就返回 false。

如果 isValid 返回 true，则调用修改密码 API，接口文档信息如下。

请求 URL：/admin/editPassword

请求方式：POST

请求参数：

参数名	是否必填	类型	说明
oldpassword	是	String	旧密码
password	是	String	新密码
repassword	是	String	确认密码

返回示例：

```
{msg: "ok" }
```

打开 api/login.js 模块，根据接口文档定义发送请求 API 的方法，示例代码如下。

```
//共享修改管理员密码的方法
export const editPasswordFn=(data)=>{
    return request({
        url:'/admin/editPassword',
        method:'POST',
        data
```

```
    })
}
```

在 Header.vue 组件导入方法并进行调用，示例代码如下。

```
import { editPasswordFn } from '@/api/login.js'
import { ElMessage } from 'element-plus'
//调用修改密码 API
const editPasswordHandle = () => {
    ruleFormRefEdit.value.validate(async isValid => {
        if (!isValid) {
            return
        }
        //验证通过，调用修改密码 API
        const res = await editPasswordFn(ruleFormEdit)
        console.log(res)
        if (res.msg != 'ok') {
            //密码修改失败
            return ElMessage.error(res.msg)
        }
        //密码修改成功
        ElMessage({
            message: '密码修改成功',
            type: 'success',
        })
        //关闭对话框
        dialogEditPassword.value=false
    })
}
```

注意：

由于是学习账号，虽然弹出密码修改成功，但是数据库密码并不会真的被修改。

4.5 优化功能模块实现代码封装

在 Header 组件中实现了修改密码和退出登录功能，随着业务功能的增加，如果所有的功能模块都在一个页面中实现，会造成页面过长，不利于后期功能的维护。本节将实现抽离修改密码功能模块以简化页面代码。实现步骤如下。

（1）在 utils 目录下新建 UseEditPassword.js 模块。

（2）将所有与修改密码相关的属性和方法粘贴到 UseEditPassword.js 模块。

（3）在 Header.vue 组件导入模块并解构属性和方法。

打开 UseEditPassword.js 模块，粘贴所有与修改密码相关的属性和方法，示例代码如下。

```
//修改密码
import { editPasswordFn } from '@/api/login.js'
import { ref, reactive } from 'vue'
import { ElMessage } from 'element-plus'
//抽离修改密码功能
export function useEditPassword() {
   //默认关闭修改密码对话框
   const dialogEditPassword = ref(false)
   //form 表单数据源
   const ruleFormEdit = reactive({
      oldpassword: '',
      password: '',
      repassword: ''
   })
   //form 表单验证规则
   const rulesEdit = reactive({
      oldpassword: [
         { required: true, message: '请输入原始密码', trigger: 'blur' }
      ],
      password: [
         { required: true, message: '请输入新密码', trigger: 'blur' }
      ],
      repassword: [
         { required: true, message: '请输入确认密码', trigger: 'blur' }
      ]
   })
   //获取 form 表单 DOM 元素
   const ruleFormRefEdit = ref(null)
   //调用修改密码 API
   const editPasswordHandle = () => {
      ruleFormRefEdit.value.validate(async isValid => {
         if (!isValid) {
            return
         }
         //验证通过，调用修改密码 API
         const res = await editPasswordFn(ruleFormEdit)
         console.log(res)
         if (res.msg != 'ok') {
            //密码修改失败
            return ElMessage.error(res.msg)
         }
         //密码修改成功
```

```
            ElMessage({
                message: '密码修改成功',
                type: 'success',
            })
            //关闭对话框
            dialogEditPassword.value = false
        })
    }
    //导出属性和方法
    return {
        dialogEditPassword,
        ruleFormEdit,
        rulesEdit,
        ruleFormRefEdit,
        editPasswordHandle
    }
}
```

代码解析：

上述代码实现了模块封装，总共有如下 4 个操作。

① 通过 export 属性共享 useEditPassword()方法。

② 导入 useEditPassword()方法中所用到的方法，如 ref、reactive 等。

③ 将所有和修改密码相关的属性和方法粘贴到 useEditPassword()方法。

④ 导出 useEditPassword()方法中的属性和方法。

接下来在 Header.vue 组件导入模块并解构属性和方法，示例代码如下。

```
//导入修改密码模块
import {useEditPassword} from '@/utils/UseEditPassword.js'
//解构出修改密码的属性和方法
const {
    dialogEditPassword,
    ruleFormEdit,
    rulesEdit,
    ruleFormRefEdit,
    editPasswordHandle
} = useEditPassword()
```

4.6 侧边栏导航菜单布局

本节实现侧边栏导航菜单布局，效果如图 4-5 所示。

图 4-5

上述效果使用 Element Plus 提供的 Menu 下拉菜单组件实现，侧边栏区域是 components 目录下的 Menu.vue 文件，视图层代码如下。

```
<el-menu>
        <!-- 一级菜单 -->
        <el-sub-menu index="1">
            <!-- 一级菜单内容 -->
            <template #title>
                <el-icon>
                    <location />
                </el-icon>
                <span>一级标题</span>
            </template>
            <!-- 二级菜单 -->
            <el-menu-item index="1-4-1">
                <!-- 二级菜单内容 -->
                <template #title>
                    <el-icon>
                        <location />
                    </el-icon>
                    <span>二级标题</span>
                </template>
            </el-menu-item>
```

```
    </el-sub-menu>
</el-menu>
```

上述代码是整合 Element Plus 之后的静态代码，分为二级菜单。

4.7 侧边栏菜单前后端数据交互

本节将实现侧边栏菜单前后端数据交互，当用户登录成功获取到管理员信息时，管理员信息中包括 menus 数组，menus 数组就是真实的导航菜单。接下来将 menus 数组中的内容进行循环遍历。

首先打开 store 目录下的 index.js 模块，将 menus 导航菜单单独存储，存储代码如下。

```
const store = createStore({
  state () {
    return {
     //...
     //存储导航菜单
     menus:[]
    }
  },
  mutations: {
    //...
    //修改导航菜单
    setMenus(state,menus){
      state.menus=menus
    }
  },
  actions:{
    //获取登录用户信息
    getUserInfo(context){
      return new Promise((resolve,reject)=>{
        getUserInfoFn().then(res=>{
         //调用 API，存储菜单数据
         context.commit('setMenus',res.data.menus)
         resolve(res)
        }).catch(err=>reject(err))
      })
    }
  }
})
export default store
```

通过上述代码，将菜单信息存储到 store 仓库中，打开 Menu.vue 组件，循环遍历仓库中的 menus 数组，数据层代码如下。

```
<script setup>
import { useStore } from 'vuex'
import { computed, ref } from 'vue'
import { useRoute } from 'vue-router'
const route=useRoute()
const store = useStore()
//定义常量接收仓库中的导航数据
const menus = computed(() => {
  return store.state.menus
})
//定义默认展开
const defaultActive = ref(route.path)
</script>
```

视图层代码如下。

```
<el-menu active-text-color="#409EFF" background-color="#32363f"
      text-color="#fff" unique-opened
      :collapse-transition='false' Router :default-active="defaultActive"
>
      <!-- 一级菜单 -->
      <el-sub-menu :index="item.id + ''"
         v-for="item in menus" :key="item.id"
      >
         <!-- 一级菜单内容 -->
         <template #title>
            <el-icon>
               <component :is="item.icon"></component>
            </el-icon>
            <span>{{ item.name }}</span>
         </template>
         <!-- 二级菜单 -->
         <el-menu-item :index="subItem.frontpath"
            v-for="subItem in item.child" :key="subItem.id"
         >
            <!-- 二级菜单内容 -->
            <template #title>
               <el-icon>
                  <component :is="subItem.icon"></component>
               </el-icon>
               <span>{{ subItem.name }}</span>
            </template>
         </el-menu-item>
```

```
    </el-sub-menu>
</el-menu>
```

代码解析：

使用 v-for 指令循环遍历 menus 数组，获取一级菜单和二级菜单。在 el-menu 组件中，unique-opened 属性的作用是只展开一个子菜单。collapse-transition 属性的作用是控制是否使用动画。router 属性的作用是启用路由，其中路由地址在二级菜单中使用:index 设定。:default-active 属性的作用是设置页面加载时默认激活的菜单，在数据层通过 route.path 定义。

4.8 左侧导航菜单的展开和隐藏

在后台管理系统中，菜单区域的展开和隐藏是非常常见的功能之一，本节将实现单击头部区域 icon 图标使左侧导航菜单展开或隐藏，导航菜单隐藏状态的效果如图 4-6 所示。

图 4-6

需要注意的是，icon 图标在头部区域和在左侧的导航菜单中不属于同一个组件，需要跨组件传值。比较常见的解决方案是将菜单的展开状态保存到 Vuex 仓库，实现步骤如下。

（1）在 Vuex 仓库新增菜单是否隐藏状态。打开 store 目录下的 index.js 文件，Vuex 仓库代码如下。

```
//创建仓库实例
const store = createStore({
    state () {
      return {
       //...
        //设置侧边栏默认为打开状态
        iscollapse:false
      }
```

```
  },
  mutations: {
      //...
      //修改侧边栏状态
      setAsideWidth(state){
        state.iscollapse=!state.iscollapse
      }
  }
 })
export default store
```

代码解析：

在 state 属性中定义 iscollapse 状态，false 表示展开菜单，true 表示隐藏菜单。在 mutations 属性中定义修改 iscollapse 状态的方法。

（2）打开 Menu.vue 组件，为 el-menu 组件绑定 collapse 属性，属性值为 true 表示隐藏，示例代码如下。

```
<el-menu :collapse='$store.state.iscollapse'>
```

注意：

属性值从 Vuex 仓库获取。

（3）为头部 icon 图标添加方法。打开 Header.vue 组件，示例代码如下。

```
<el-icon class="icon" @click="setAsideWidthHandle">
   <Fold />
</el-icon>
//控制左侧导航菜单的展开和隐藏
const setAsideWidthHandle=()=>{
   store.commit('setAsideWidth')
}
```

代码解析：

单击 icon 图标，触发 Vuex 中定义的 setAsideWidth 方法。

（4）修改左侧菜单区域的宽度。打开 Home.vue 组件，为左侧区域重新指定宽度，示例代码如下。

```
<el-aside :width="$store.state.iscollapse ? '64px' : '200px'">
    <!-- 左侧菜单 -->
    <Menu></Menu>
</el-aside>
```

通过上述 4 个步骤，导航菜单的显示和隐藏即可开发完成。

4.9 动态新增选项卡菜单

本节将实现动态新增选项卡菜单功能，即单击左侧导航菜单时，动态添加选项卡，并实现路由页面之间的跳转，动态选项卡效果如图 4-7 所示。

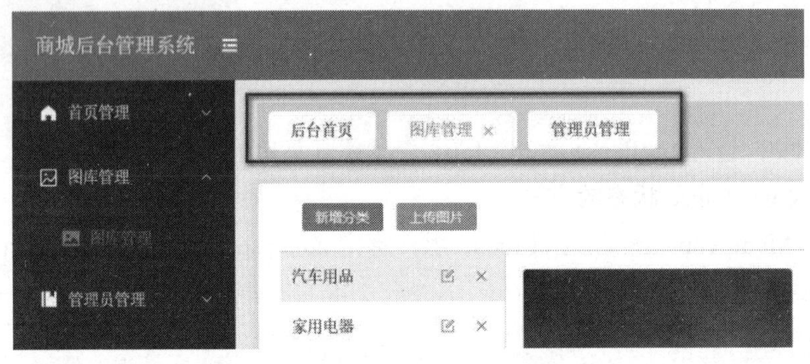

图 4-7

4.9.1 选项卡样式布局

选项卡菜单使用 Element Plus 提供的 tabs 标签页实现布局。首先打开 components 目录中的 TagMenu.vue 文件，梳理完成之后的视图层代码如下。

```
<div class="tag-main">
   <el-tabs v-model="activeTable" type="card"
       @tab-remove="removeTab"
       @tab-change="changeHandle"
       style="max-width:1138px;flex: 1;">
       <el-tab-pane :closable="item.path !== '/home'"
          v-for="item in tabsList"
          :key="item.path"
          :label="item.title"
          :name="item.path">
       </el-tab-pane>
   </el-tabs>
   <el-dropdown>
       <span class="el-dropdown-link">
          <el-icon>
             <arrow-down />
          </el-icon>
       </span>
       <template #dropdown>
          <el-dropdown-menu>
```

```
            <el-dropdown-item>关闭其他</el-dropdown-item>
            <el-dropdown-item>关闭所有</el-dropdown-item>
        </el-dropdown-menu>
    </template>
  </el-dropdown>
</div>
```

代码解析：

v-model="activeTable"定义当前激活的 tabs 标签。@tab-remove="removeTab"定义 tabs 标签的移除事件。@tab-change="changeHandle"定义 tabs 标签的选择事件。

CSS 样式代码如下。

```
<style lang='less' scoped>
.tag-main {
  display: flex;
  background: #dbdbdb;
  overflow: hidden;
  padding-top: 7px;
  padding-bottom: 2px;
}
.el-dropdown {
  background: #fff;
  width: 30px;
  height: 34px;
  border-radius: 4px;
  margin-left: auto;
  display: flex;
  margin-right: 10px;
  //水平方向居中
  justify-content: center;
  line-height: 43px;
}

:deep(.el-tabs__header) {
  margin: 0px;
}
:deep(.el-tabs__nav) {
  border: 0 !important
}
:deep(.el-tabs__item) {
  border: 0 !important;
  background: #fff;
  margin-left: 10px;
  height: 34px;
  line-height: 34px !important;
  border-radius: 4px;
```

```
}
:deep(.el-tabs__header) {
    border: none !important
}
</style>
```

代码解析：

由于 style 标签使用 scoped 作用域属性，修改 Elemnet Plus 提供的元素可能存在作用域权限问题，使用:deep()方法可强制修改元素样式。

4.9.2 渲染 tabs 标签数据源

视图层使用 v-model 定义当前激活的菜单选项，使用 v-for 渲染菜单数据源，在数据层定义数据源，示例代码如下。

```
<script setup>
import { ref } from 'vue'
import { useRoute } from 'vue-router'
const route = useRoute()
//定义当前激活的菜单选项
const activeTable = ref(route.path)
//tabs 菜单数据源
const tabsList = ref([
    {
        title: '后台首页',
        path: '/home'
    },
    {
        title: '商品管理',
        path: '/goods/list'
    }
])
</script>
```

代码解析：

上述代码将当前页面的路由地址作为菜单激活选项，使用 route.path 获取当前页面的路由地址，例如，后台首页路由地址为/home，激活选项就是数组中的第一个对象。

tabsList 数组被渲染到视图层之后，要如何进行选项卡之间的切换呢？选项卡切换使用 changeTabsHandle 事件，示例代码如下。

```
//changeTabsHandle 事件
const changeTabsHandle = (path) => {
    console.log(path)
    //path 是标签的 name 属性所设定的值，即需要跳转的路由地址 item.path
```

```
    //设置激活选项
    activeTable.value = path
    //路由跳转
    router.push(path)
}
```

至此，选项卡渲染以及页面之间的跳转开发完成。

4.9.3　动态添加 tabs 标签

单击左侧导航菜单，要实时获取单击菜单的标题以及路由地址，并动态添加到 tabsList 数组进行渲染，实现步骤如下。

（1）使用路由提供的 onBeforeRouteUpdate()方法获取即将要跳转页面的标题及路由地址。

（2）定义向 tabsLists 数组追加数据方法。

onBeforeRouteUpdate()方法监听当前路由发生的变化，可获取即将要跳转页面的标题及路由地址，示例代码如下。

```
import { onBeforeRouteUpdate } from 'vue-router'
//监听当前路由发生的变化
onBeforeRouteUpdate((to, from) => {
   //将新路由设为激活项
   activeTable.value = to.path
   addTab({
      title: to.meta.title,
      path: to.path
   })
})
```

代码解析：

to.path 是新页面的路由地址，to.meta.title 是新页面的标题，定义 addTab()方法追加到 tabsList 数组中。

addTab()方法的示例代码如下。

```
//新增标签导航
const addTab = (obj) => {
   const isTab= tabsList.value.findIndex(item => item.path == obj.path) == -1
   //isTab 为 true，表示数组中没有当前标签
   if (notTab) {
      tabsList.value.push(obj)
   }
    //本地存储
   window.sessionStorage.setItem("tabList", JSON.stringify(tabsList.value))
}
```

代码解析：

上述代码首先判断 tabsList 数组中是否包含传递过来的对象，如果 tabsList 数组中已经包含所传递的对象，则无须追加。

为了避免刷新页面时 tabsList 数组数据丢失，可使用 sessionStorages 本地存储保存 tabsList 数组。进入页面时首先判断 sessionStorages 本地存储中是否包含 tabsList 数组，示例代码如下。

```
//初始化标签导航列表
function initTabList() {
    let istabList = JSON.parse(window.sessionStorage.getItem("tabList"))
    if (istabList) {
        tabsList.value = istabList
    }
}
initTabList()
```

4.9.4 删除 tabs 标签

本节实现删除 tabs 标签功能，需求如下。

（1）当关闭最后一个 tabs 标签时，路由自动切换到上一个标签。

（2）当关闭其他 tabs 标签时，路由自动切换到下一个标签。

在 tabs 标签中通过@tab-remove="removeTab"绑定删除事件，removeTab 事件代码如下。

```
//关闭 tabs 标签事件
const removeTab = (path) => {
    //path 是要移除的路由地址，从 name 属性获取 item.path
    console.log(path)
    //判断关闭的标签是否是激活状态，如果是激活状态，则需要切换路由
    //获取当前激活的 tabs 标签
    let isTabs = activeTable.value
    //获取菜单数据源
    const tabs = tabsList.value
    //删除的是激活菜单，将激活选项设为上一个或下一个标签
    if (path == isTabs) {
        tabs.forEach((item, index) => {
            if (item.path == path) {
                //找到需要删除的菜单
                //获取上一个或下一个标签
                const nextTab = tabs[index + 1] || tabs[index - 1]
                if (nextTab) {
                    isTabs = nextTab.path
                }
            }
        })
    }
    activeTable.value = isTabs
```

```
    //从 tabsList 数组删除选中的菜单
    //filter 表示过滤，生成新数组
    tabsList.value = tabsList.value.filter(item => item.path != path)
    //重新设定本地存储
    window.sessionStorage.setItem("tabList", JSON.stringify(tabsList.value))
}
```

代码解析：

在上述代码中，path 形参表示要删除的路由地址，首先判断要删除的路由地址是否处于激活状态，如果处于激活状态，则需要切换路由。可通过 filter 方法过滤 tabsList 数据源中删除的标签，并同步到 sessionStorage 本地存储。

接下来实现批量关闭 tabs 标签的功能。el-dropdown 下拉菜单中有“关闭其他”和“关闭全部”两个选项，下面为 el-dropdown 绑定单击事件，视图层代码如下。

```
<el-dropdown @command="dropdownHandle">
  //...
  <template #dropdown>
      <el-dropdown-menu>
          <el-dropdown-item command="closeOther">
              关闭其他
          </el-dropdown-item>
          <el-dropdown-item command="closeAll">
              关闭所有
          </el-dropdown-item>
      </el-dropdown-menu>
  </template>
</el-dropdown>
```

数据层的 dropdownHandle 事件代码如下。

```
const dropdownHandle = (res) => {
    if (res == 'closeOther') {
        //关闭其他
        //只保留首页和当前激活状态页
        tabsList.value = tabsList.value.filter(item => item.path == '/home' ||
item.path == activeTable.value)
    }
    if (res == 'closeAll') {
        //关闭所有
        //将标签切换回首页
        activeTable.value = '/home'
        //数据源只保留首页
        tabsList.value = [
            {
                title: '后台首页',
                path: '/home'
```

```
            }
        ]
    }
    //更新本地存储
    window.sessionStorage.setItem("tabList", JSON.stringify(tabsList.value))
}
```

4.9.5 keep-alive 页面缓存

当前程序每次进行路由切换时都会重新发送请求，使用 Vue 提供的 keep-alive 标签可以缓存页面，使用步骤如下。

（1）通过 v-slot="{Component}"获取单击菜单要显示的动态组件。

（2）通过<component :is="Component"></component>标签展示动态组件。

（3）使用 keep-alive 实现页面缓存。

需要缓存的页面实际上是/home 路由下的子路由，打开 views 目录下的 Home.vue 组件，找到子路由出口 router-view 标签，实现上述 3 个步骤的示例代码如下。

```
<router-view v-slot="{ Component }">
   <!-- v-slot="{Component}" 获取单击菜单要显示的动态组件 -->
   <!-- 如何实现动态组件的调用？使用 component 标签 -->
   <keep-alive :max="8">
      <component :is="Component"></component>
   </keep-alive>
</router-view>
```

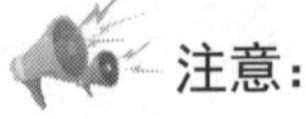

注意：

keep-alive 标签中的:max="8"表示只缓存 8 个组件。

4.10 后台首页统计面板

本节将开发后台首页统计面板，实现效果如图 4-8 所示。

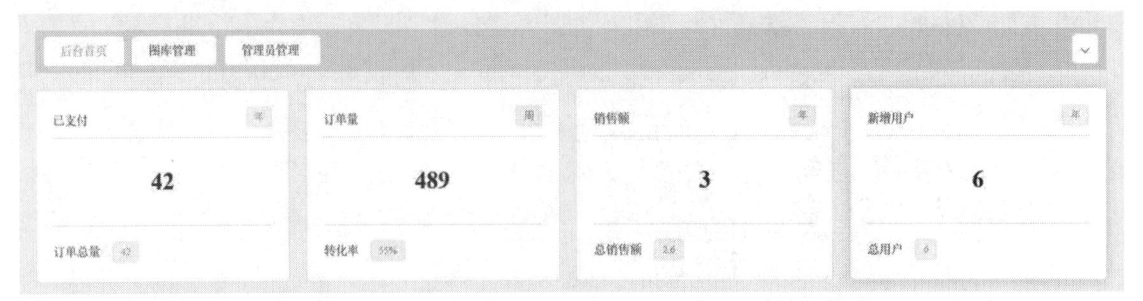

图 4-8

4.10.1　统计面板静态页面

在 views 目录下新建 HomeIndex.vue 组件，并在路由模块添加匹配规则，统计面板的视图层静态代码如下。

```
<template>
  <div class="content">
    <el-row :gutter="20">
      <el-col :span="6">
        <el-card shadow="hover">
          <div class="t_title">
            <span>已支付</span>
            <el-tag type="">年</el-tag>
          </div>
          <div class="t_main">
            500

          </div>
          <div class="t_footer">
            <span>总支付订单</span>
            <span> <el-tag type="">500</el-tag></span>
          </div>
        </el-card>
      </el-col>
    </el-row>
  </div>
</template>
```

代码解析：

静态页面布局采用 Element Plus 提供的 Layout 布局和 el-card 卡片组件实现，接收服务器端的数据之后循环遍历 el-card 即可。

CSS 样式代码如下。

```
<style lang='less' scoped>
.content>.el-row {
  margin-top: 20px;
}
.t_title {
  display: flex;
  font-size: 14px;
  height: 30px;
  line-height: 30px;
  border-bottom: 1px solid #dbdbdb;
  padding-bottom: 5px;
  .el-tag {
```

```
        margin-left: auto;
    }
}
.t_main {
    font-size: 28px;
    line-height: 100px;
    font-weight: bold;
    text-align: center;
    border-bottom: 1px solid #dbdbdb;
}
.t_footer {
    height: 30px;
    font-size: 14px;
    padding-top: 15px;
    display: flex;
    align-items: center;
    span:nth-child(2) {
        padding-left: 15px;
    }
}
</style>
```

至此，统计面板静态页面开发完成。

4.10.2 统计面板数据交互

接下来调用后端 API 实现统计面板数据交互功能，接口文档信息如下。

请求 URL：admin/orderState

请求方式：GET

请求参数：无

返回示例：

```
{
  msg: "ok"
  data: { panels: (4) […] }
  }
}
```

在 api 目录新建 home.js 模块，根据接口文档定义发送请求 API 的方法，示例代码如下。

```
//导入 axios
import request from '@/utils/request'
//获取后台统计面板
export const getAdminInfo=()=>{
    return request({
```

```
        url:'admin/orderState',
        method:'GET'
    })
}
```

返回 HomeIndex.vue 后台首页组件，调用上述 API，示例代码如下。

```
<script setup>
import { ref } from 'vue'
import { getAdminInfo } from '@/api/home.js'
//定义数据源
const panelsData = ref([])
getAdminInfo().then(res => {
    console.log(res)
    if (res.msg && res.msg == 'ok') {
        panelsData.value = res.data.panels
    }
})
</script>
```

代码解析：

在 getAdminInfo()方法中，res 是服务器端返回的数据，最终赋值给 panelsData 数据源，视图层循环遍历 panelsData 数组来显示真实的统计数据。

4.10.3　骨架屏及数字滚动效果

为了增强页面交互效果，在后端数据返回之前使用 Element Plus 提供的骨架屏占位，将数据渲染到视图层可添加数字滚动效果。

在视图层使用骨架屏的示例代码如下。

```
    <!-- 骨架屏 -->
    <template v-if="panelsData.length == 0">
        <el-col :span="6" v-for="i in 4" :key="i">
            <el-skeleton style="width: 100%" animated loading>
                <template #template>
                    <el-card shadow="hover">
                        <div class="t_title">
                            <el-skeleton-item variant="text"
style="width: 40%" />
                            <el-skeleton-item variant="text"
style="width: 10%;margin-left: auto;" />
                        </div>
                        <div class="t_main">
                            <el-skeleton-item variant="h3"
style="width: 80%" />
```

```
                <div>
                <div class="t_footer">
                    <el-skeleton-item variant="text"
style="width: 40%" />
                    <el-skeleton-item variant="text"
style="width: 10%;margin-left: auto;" />
                </div>
            </el-card>
        </template>
    </el-skeleton>
  </el-col>
</template>
```

代码解析：

使用 v-if 判断 panelsData 数据源是否为空，如果为空，则显示骨架屏。

接下来为数字添加滚动效果，滚动效果使用第三方插件 gsap 实现，在终端运行下述命令即可安装 gsap。

```
npm i gsap
```

在 components 目录下新建 Gsap.vue 组件，数字滚动效果的实现步骤如下。

（1）定义初始数据，并渲染到视图层。

（2）接收父组件传递的数据。

（3）定义方法，使用 gsap 实现数字滚动效果。

（4）父组件调用 Gsap.vue 组件。

Gsap.vue 组件示例代码如下。

```
<template>
  <div>
    {{ data.num.toFixed(0) }}
  </div>
</template>
<script setup>
import { reactive,watch } from "vue"
import gsap from "gsap"
//定义初始数据
const data = reactive({
  num:0
})
//接收父组件数据
const props = defineProps({
  value:{
    type:Number,
    default:0
  }
```

```
})
//定义方法使用 gsap 实现数字滚动效果
function AnimateFn(){
    gsap.to(data,{
        duration:0.5,
        //0.5 毫秒之后将初始数据动画替换成父组件数据
        num:props.value
    })
}
AnimateFn()
//父组件数据发生变化时，则重新调用方法
watch(()=>props.value,()=>AnimateFn())
</script>
```

在 HomeIndex.vue 中引用 Gsap.vue，数据层示例代码如下。

```
import gsapTo from '@/components/Gsap.vue'
```

视图层示例代码如下。

```
<div class="t_main">
    <gsapTo :value="item.value"></gsapTo>
</div>
```

代码解析：

item.value 是通过 v-for 循环遍历 panelsData 数据源得到的真实的后端数据。

4.11　后台首页分类组件

本节将开发后台首页分类组件，后台首页分类组件效果如图 4-9 所示。

图库管理　管理员管理　商品管理　订单管理　评价管理　公告管理　优惠券管理　分销设置

图 4-9

如果所有模块都在同一个组件中编写，会造成页面过长，所以可将分类组件单独抽离成一个模块。在 components 目录下新增 NavCateList.vue 组件，示例代码如下。

```
<!-- 首页分类组件 -->
<template>
    <div style="margin-top:20px">
        <el-row :gutter="20">
            <el-col :span="3"
```

```
v-for="(item, i) in NavCateList " :key="i"
@click="$router.push(item.path)">
            <el-card shadow="hover">
               <el-icon>
                  <component :is="item.icon" />
               </el-icon>
               <br>
               <span>{{ item.title }}</span>
            </el-card>
         </el-col>
      </el-row>
   </div>
</template>
<script setup>
const NavCateList = [
   {
      icon: "user",
      title: "用户",
      path: "/user/list"
   },
   //...
]
</script>
<style lang='less' scoped>
.el-card {
   cursor: pointer;
   display: flex;
   text-align: center;
   justify-content: center;
   font-size: 14px;
   .el-icon{
      font-size: 20px;
      padding-bottom: 10px;
   }
}
</style>
```

代码解析：

静态页面采用 Element Plus 提供的 Layout 布局以及 el-card 实现，使用 v-for 循环遍历 NavCateList 数组。最后在 HomeIndex.vue 组件调用 NavCateList.vue 组件，数据层示例代码如下。

```
import NavCateList from '@/components/NavCateList.vue'
```

视图层示例代码如下。

```
<NavCateList></NavCateList>
```

4.12　首页 echarts 图表组件

后台首页的最后两个模块分别是 echarts 图表展示订单统计和店铺信息，效果如图 4-10 所示。

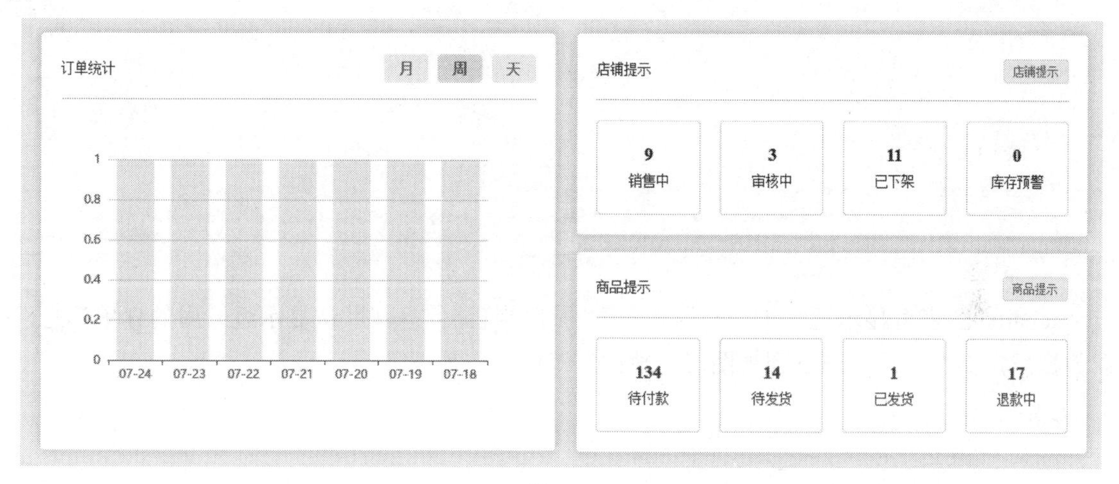

图 4-10

4.12.1　echarts 图表静态页面

本节开发 echarts 图表静态页面，在 components 组件中新建 Echarts.vue 组件，视图层静态代码如下。

```
<template>
  <div>
    <el-card>
      <div class="e_title">
        订单统计
        <span>
          <el-check-tag>月</el-check-tag>
        </span>
      </div>
      <div id="e_main">
      </div>
    </el-card>
  </div>
</template>
```

CSS 样式代码如下。

```
<style lang='less' scoped>
.e_title {
```

```
    display: flex;
    border-bottom: 1px solid #dbdbdb;
    padding-bottom: 15px;
    line-height: 30px;
    span {
        margin-left: auto;
        .el-check-tag {
            margin-left: 10px;
        }
    }
}
#e_main {
    width: 100%;
    height: 330px;
}
</style>
```

echarts 图表可显示近一年、一周和一天的订单统计信息，默认显示近一周的订单信息，在数据层定义选择项并渲染到视图层，数据层示例代码如下。

```
<script setup>
//默认选中近一周
const currentOptions = ref('week')
const options = [
    {
        text: '月',
        value: 'month'
    },
    {
        text: '周',
        value: 'week'
    },
    {
        text: '天',
        value: 'hour'
    }
]
//修改默认选项
const selectOptions = (op) => {
    currentOptions.value = op
}
</script>
```

将 options 数据渲染到视图层，示例代码如下。

```
<span>
        <el-check-tag v-for="(item, i) in options" :key="i"
```

```
            :checked="currentOptions == item.value"
            @change="selectOptions(item.value)">
                {{ item.text }}
            </el-check-tag>
</span>
```

代码解析：

:checked 属性用于设置是否选中当前 tag 标签。@change 属性用于绑定 tag 标签选择事件。

4.12.2　echarts 图表后端数据交互

本节将实现 echarts 图表后端数据交互，echarts 图表后端接口文档信息如下。

请求 URL：admin/echartsData

请求方式：GET

请求参数：

参 数 名	是 否 必 填	类　　型	说　　明
type	是	String	统计类型（month、week、hour）

返回示例：

```
{
  msg: "ok"
  data: { x: (7) […], y: (7) […] }
}
```

打开 api 目录下的 home.js 模块，根据接口文档定义发送请求 API 的方法，示例代码如下。

```
//获取 echarts 图表数据
export const getEchartsData=(type)=>{
    return request({
        url:'admin/echartsData',
        method:'GET',
        params:{
            type
        }
    })
}
```

在数据层导入 getEchartsData()方法和 echarts 模块，示例代码如下。

```
import * as echarts from 'echarts';
import { ref, onMounted,onBeforeUnmount } from 'vue'
import { getEchartsData } from '@/api/home.js'
var myChart
```

```
onMounted(() => {
   var chartDom = document.getElementById('e_main');
   myChart = echarts.init(chartDom);
   getEcharsData()
})
//设置 echart 数据，并进行后端数据交互
const getEcharsData = async () => {
   var option = {
      xAxis: {
         type: 'category',
         data: []
      },
      yAxis: {
         type: 'value'
      },
      series: [
         {
            data: [],
            type: 'bar',
            showBackground: true,
            backgroundStyle: {
               color: 'rgba(180, 180, 180, 0.2)'
            }
         }
      ]
   };
   //调用接口之前显示 loading 动画
   myChart.showLoading()
   //获取真实数据
   const res = await getEchartsData(currentOptions.value)
   if (res.msg && res.msg !== 'ok') {
      return
   }
   //拿到数据之后关闭 loading 动画
   myChart.hideLoading()
   option.xAxis.data = res.data.x
   option.series[0].data = res.data.y
   myChart.setOption(option);
}
```

代码解析：

在 echarts 模块中，进行页面上的 DOM 元素的操作需要在 onMounted()生命周期函数中。为了增强页面的交互效果，在真实数据返回之前须使用 myChart.showLoading()设置加载动画，拿到数据之后使用 myChart.hideLoading()关闭动画。

为了避免 echarts 图表出现白屏，在页面关闭之前，要销毁 myChart 实例，销毁代码如下。

```
//页面销毁之前
onBeforeUnmount(()=>{
   //为了避免白屏，需要在页面关闭之前销毁 myChart 实例
   if(myChart){
      echarts.dispose(myChart)
   }
})
```

最后返回 HomeIndex.vue 后台首页，引入 Echarts.vue，示例代码如下。

```
import Echarts from '@/components/Echarts.vue'
   <el-row :gutter="20">
      <el-col :span="12">
         <Echarts></Echarts>
      </el-col>
      <el-col :span="12">
      </el-col>
   </el-row>
```

4.13　店铺提示组件

本节将实现首页中的店铺提示组件功能，在 components 目录下新建 GoodsState.vue 组件，视图层静态代码如下。

```
<template>
   <div>
      <el-card>
         <div class="e_title">
           标题
            <span>
               <el-tag>描述</el-tag>
            </span>
         </div>
         <el-row :gutter="20">
            <el-col :span="6" >
               <el-card shadow="hover" class="g_main">
                  <span> 1</span>
                  2
               </el-card>
            </el-col>
         </el-row>
```

```
        </el-card>
    </div>
</template>
```

CSS 样式代码如下。

```
<style lang='less' scoped>
.e_title {
    display: flex;
    border-bottom: 1px solid #dbdbdb;
    padding-bottom: 15px;
    line-height: 30px;
    span {
        margin-left: auto;
        .el-check-tag {
            margin-left: 10px;
        }
    }
}
.g_main {
    display: flex;
    justify-content: center;
    margin-top:20px;
    line-height: 26px;
    text-align: center;
    cursor: pointer;
    span{
        display: block;
        font-weight: bold;
        font-size: 18px;
    }
}
</style>
```

接下来进行后端数据交互，店铺信息接口文档信息如下。

请求 URL：admin/goodsState

请求方式：GET

请求参数：无

返回示例：

```
{
  msg: "ok"
  data: { goods: (4) […], order: (4) […] }
}
```

打开 api 目录下的 home.js 模块，根据接口文档定义发送请求 API 的方法，示例代码如下。

```
//店铺提示数据
export const getGoodsState=()=>{
    return request({
        url:'admin/goodsState',
        method:'GET'
    })
}
```

返回 HomeIndex.vue 后台首页，导入 API 方法和 GoodsState 店铺提示组件，示例代码如下。

```
//导入 API 方法
import { getGoodsState } from '@/api/home.js'
//导入店铺提示组件
import GoodsState from '@/components/GoodsState.vue'
const goodsData=ref([])
const orderData=ref([])
//商铺提示
getGoodsState().then(res=>{
    if(res&&res.msg!=='ok'){
        return
    }
    goodsData.value=res.data.goods
    orderData.value=res.data.order
})
```

在视图层将服务器端返回的数据传递给 GoodsState 子组件，示例代码如下。

```
    <el-col :span="12">
        <GoodsState gtitle="店铺提示" desc="店铺提示"
:gData="goodsData">
        </GoodsState>
        <GoodsState  gtitle="商品提示"  desc="商品提示"  :gData="orderData"
tyle="margin-top:17px">
        </GoodsState>
    </el-col>
```

代码解析：

上述代码中的 gtitle、desc、:gData 用于给子组件传递数据，子组件接收父组件传递的数据并进行渲染。

打开 GoodsState.vue 子组件，渲染父组件数据，示例代码如下。

```
<script setup>
const props = defineProps({
    gtitle: String,
    desc: String,
    gData:Array
```

```
})
</script>
```

视图层渲染代码如下。

```
<el-card>
    <div class="e_title">
        {{ gtitle }}
        <span>
            <el-tag>{{ desc }}</el-tag>
        </span>
    </div>
    <el-row :gutter="20">
        <el-col :span="6" v-for="(item, i) in gData" :key="i">
            <el-card shadow="hover" class="g_main">
                <span> {{ item.value }}</span>
                {{ item.label }}
            </el-card>
        </el-col>
    </el-row>
</el-card>
```

第 5 章

图库管理

本章将介绍如何开发商城的图库管理模块，以便管理员可以管理和维护各种商品的图片、头像等。通过对本章内容的学习，读者将学会使用 Vue3 开发一个完整的图库管理模块，并了解如何解决实际项目中遇到的各种问题。

5.1 图库管理页面布局

本节将实现图库管理模块的页面布局，通过 Element Plus 提供的 Layout 布局实现，图库管理页面效果如图 5-1 所示。

接下来实现页面布局，在 views 目录下新增 PicList.vue 组件页面，视图层静态代码如下。

```
<!-- 图库模块 -->
<template>
  <div>
    <el-card :style="{ height: cardHeight + 'px' }">
      <el-container style="height: 100%;">
        <el-header class="p_title">
          <el-button type="primary" size="small">
          新增分类
          </el-button>
          <el-button type="warning" size="small">
```

```
                上传图片
                </el-button>
            </el-header>
            <el-container>
                <AsidePicCate></AsidePicCate>
                <AsidePicMain></AsidePicMain>
            </el-container>
        </el-container>
    </el-card>
  </div>
</template>
```

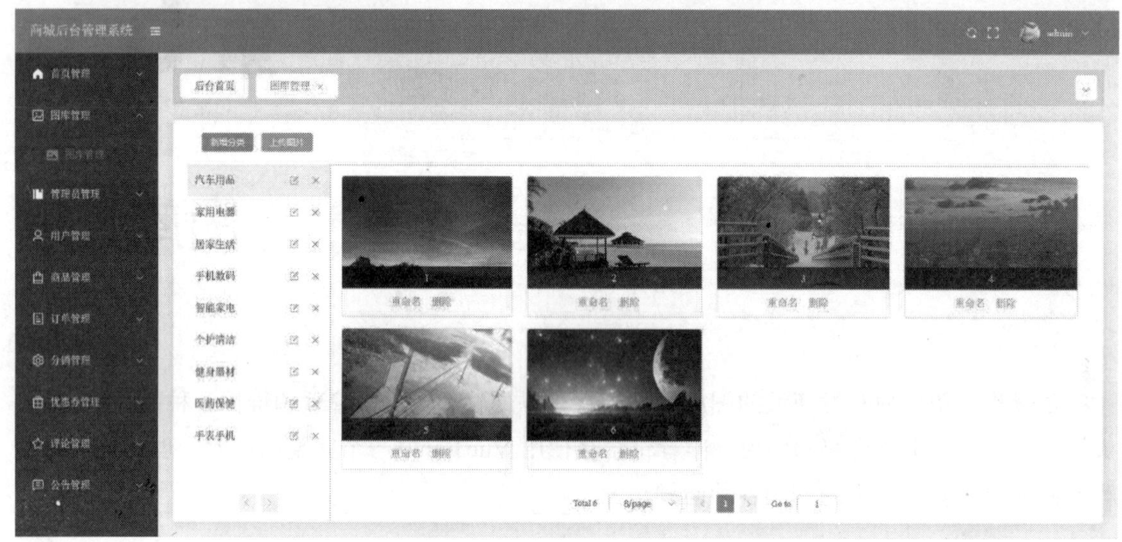

图 5-1

注意：

由于图库分类和图库列表在商品管理模块中也会用到，比较好的处理方法是将图库分类和图库列表单独抽离成组件后在数据层进行调用，数据层示例代码如下。

```
<script setup>
import AsidePicCate from '@/components/AsidePicCate.vue'
import AsidePicMain from '@/components/AsidePicMain.vue'
const windowHeigth = window.innerHeight || document.body.clientHeight
const cardHeight = windowHeigth - 170
</script>
```

代码解析：

AsidePicCate 为图库分类组件，AsidePicMain 为图库列表组件。

CSS 样式代码如下。

```
<style lang='less' scoped>
.el-card {
```

```
    margin-top: 20px;
    padding-top: 0px !important;
}
:deep(.el-card__body) {
    padding-top: 0px !important;
    height: 100%;
}
.p_title {
    border-bottom: 1px solid #dbdbdb;
    display: flex;
    align-items: center;
}
</style>
```

下面将图库分类单独抽离成 components/AsidePicCate.vue 组件，图库分类静态代码如下。

```
<!-- 图库分类 -->
<template>
    <el-aside width="200px">
        <div class="cateList">
            <div class="cateItem">
                <span>
                    分类名称
                </span>
                <em>
                    <el-button type="primary" text>
                        <el-icon>
                            <Edit />
                        </el-icon>
                    </el-button>
                    <el-button type="primary" text>
                        <el-icon>
                            <Close />
                        </el-icon>
                    </el-button>
                </em>
            </div>
        </div>
    </el-aside>
</template>
<style lang='less' scoped>
.el-aside {
    height: 100%;
    border-right: 1px solid #dbdbdb;
    position: relative;
}
.cateList {
    position: absolute;
```

```
    top: 0px;
    right: 0px;
    left: 0px;
    bottom: 50px;
    overflow-y: auto;
}
.page {
    position: absolute;
    right: 0px;
    left: 0px;
    bottom: 0px;
    height: 50px;
    display: flex;
    align-items: center;
    justify-content: center;
}
.cateItem {
    display: flex;
    height: 43px;
    align-items: center;
    cursor: pointer;
    em {
        margin-left: auto;

        .el-button {
            margin: 0px;
            width: 30px;
        }
        padding-right: 5px;
    }
    span {
        padding-left: 10px;
        white-space: nowrap;
        overflow: hidden;
        text-overflow: ellipsis;
        width: 100px;
    }
}
.cateItem:hover {
    background: #F3F3F3;
}
.active {
    background: #F3F3F3;
}
</style>
```

至此，图库分类模块静态页面布局制作完成。

5.2　图库分类数据交互

本节将实现图库分类数据交互的功能，后端接口文档信息如下。

请求 URL：admin/getPicsCateList/:page?limit=10

请求方式：GET

请求参数：

参 数 名	是否必选	类　型	说　明
page	是	Number	当前分页的页码
limit	是	Number	每页显示的条数

返回示例：

```
{
  data: { list: (10) […], totalCount: 26 }
  msg: "ok"
}
```

在 api 目录下新增 pics.js 模块，用来存储与图库相关的 API，根据上述接口文档定义发送请求 API 的方法，示例代码如下。

```
//导入 axios
import request from '@/utils/request'
//获取图库分类
export const getPicsCate=(page,limit=10)=>{
   return request({
       url:'admin/getPicsCateList/${page}',
       method:'GET',
       params:{
           limit
       }
   })
}
```

返回 AsidePicCate.vue 图库分类组件，导入并调用 getPicsCate()方法，示例代码如下。

```
<script setup>
import { ref } from 'vue'
import { getPicsCate } from '@/api/pics.js'
//定义空数组，用于接收后端返回的图库分类数据
const cateList = ref([])
```

```
//定义总条数
const total = ref(0)
//定义显示的页码
const currentPage = ref(1)
//定义每页显示的条数
const pageSize = ref(10)
//定义默认激活状态
const isActive = ref(0)
//定义获取数据的方法
const getPicsCateData = async () => {
   const res = await getPicsCate(currentPage.value, pageSize.value)
   console.log(res)
   if (res.msg && res.msg !== 'ok') {
      return
   }
   cateList.value = res.data.list
   total.value = res.data.totalCount
   //将第一条分类设置成默认选中状态
   const item = cataList.value[0]
   if (item) {
      isActive.value = item.id
   }
}
getPicsCateData()
</script>
```

代码解析：

在上述代码中，首先定义数据源，cateList 用于接收后端返回的图库分类数据，total 用于接收图库分类的总条数，currentPage 用于接收显示的页码，pageSize 用于接收每页显示的条数。

接收后端返回的数据后，将重新为 cateList、total 进行赋值，并渲染到视图层。

isActive 用于定义分类的默认激活状态，当前的示例代码将返回数组的第一个分类作为激活状态。

视图层渲染代码如下。

```
<div class="cateItem"
   :class="{ active: item.id == isActive }"
   v-for="(item,i) in cateList" :key="i">
   <span>
      {{ item.name }}
   </span>
   <em>
      <el-button type="primary" text>
         <el-icon>
            <Edit />
```

```
            </el-icon>
        </el-button>
        <el-button type="primary" text>
            <el-icon>
                <Close />
            </el-icon>
        </el-button>
    </em>
</div>
```

上述代码可将 cateList 数组中的图库分类数据渲染到视图层，并激活返回的第一个分类。

5.3　图库分类列表分页

本节将使用 Element Plus 提供的 Pagination 组件实现分页功能，视图层代码如下。

```
<div class="page">
            <el-pagination v-model:current-page="currentPage"
v-model:page-size="pageSize" :small="small"
            :background="background" layout=" prev,  next" :total=total
@size-change="handleSizeChange"
            @current-change="handleCurrentChange" />
</div>
```

代码解析：

current-page 用于设置当前分页页码，page-size 用于设置每页显示条数，:background 用于设置是否显示分页背景，layout 用于设置分页显示样式，:total 用于设置总样式，@size-change 用于修改每页显示的条数，@current-change 用于修改当前的分页页码。

在数据层实现分页功能，示例代码如下。

```
//修改每页显示条数
const handleSizeChange = (val) => {
    pageSize.value = val
    getPicsCateData()
}
//修改分页页码
const handleCurrentChange = (val) => {
    currentPage.value = val
    getPicsCateData()
}
```

5.4 新增图库分类样式布局

本节将实现新增图库分类样式布局的功能，即当单击“新增分类”按钮时，将弹出“新增图库”对话框，如图 5-2 所示。

图 5-2

返回 PicList.vue 图库主组件，对话框静态代码如下。

```
<!--“新增图库”对话框 -->
    <el-dialog v-model="dialogVisibleAddPics" title="新增图库" width="40%">
        <el-form ref="ruleFormRefAddPic" :model="ruleFormAddPic"
:rules="rulesAddPic">
            <el-form-item label="分类名称" prop="name">
                <el-input v-model="ruleFormAddPic.name" />
            </el-form-item>
            <el-form-item label="分类排序" prop="order">
                <el-input-number v-model="ruleFormAddPic.order"
@change="handleChangeNums" />
            </el-form-item>
        </el-form>
        <template #footer>
            <span class="dialog-footer">
                <el-button
@click="dialogVisibleAddPics = false">取消
                </el-button>
                <el-button type="primary"
@click="dialogVisibleAddPics = false">确定
                </el-button>
            </span>
        </template>
    </el-dialog>
```

代码解析：

el-dialog 组件使用 v-model 控制对话框的显示和隐藏，true 表示显示，false 表示隐藏。

上述代码使用了带验证规则的 form 表单，ref 用于获取表单 DOM 元素，:model 用于设置表单数据源，:rules 用于设置表单验证规则。

接下来在数据层定义视图层所用到的数据源，数据层示例代码如下。

```
//是否显示对话框
const dialogVisibleAddPics = ref(false)
//获取 form 表单 DOM 元素
const ruleFormRefAddPic=ref(null)
//表单数据源
const ruleFormAddPic=reactive({
   name:'',
   order:10
})
//表单验证规则
const rulesAddPic=reactive({
   name:[
      { required: true, message: '请输入分类', trigger: 'blur' }

   ],
   order:[
      { required: true, message: '请输入排序', trigger: 'blur' }

   ]
})
//修改排序
const handleChangeNums=(val)=>{
   console.log(val)
   ruleFormAddPic.order=val
}
```

5.5　新增图库分类业务处理

本节将实现新增图库分类业务处理的功能，接口文档信息如下。

请求 URL：admin/addPicsCateList

请求方式：POST

请求参数：

参 数 名	是否必选	类　型	说　明
name	是	String	分类名称
order	是	Number	分类排序

返回示例：

```
{
  msg: "ok"
  data: { name: "test", order: 10, id: "447" }
}
```

打开 api 目录下的 pics.js 模块，根据接口文档定义发送请求 API 的方法，示例代码如下。

```
//新增图库分类
export const addPicsCateListFn=(data)=>{
    return request({
        url:'admin/addPicsCateList',
        method:'POST',
        data
    })
}
```

返回 PicList.vue 图库主组件，导入 addPicsCateListFn()方法并进行调用，示例代码如下。

```
//确定新增图库分类
const addPicsCateListOk = () => {
    //验证规则是否通过
    ruleFormRefAddPic.value.validate(async isValid => {
        if (!isValid) {
            return
        }
        if (titleVal.value == '新增图库分类') {
            //调用 API
            const res = await addPicsCateListFn(ruleFormAddPic)
            console.log(res)
            if (res.msg && res.msg !== 'ok') {
                return
            }
            //关闭对话框
            dialogVisibleAddPics.value = false
            //获取最新数据（子组件方法）
            picsCateRef.value.getPicsCateData()
        } else if (titleVal.value == '修改图库分类') {
            //...
        }
    })
}
```

代码解析：

调用新增图库分类 API 之前先使用 form 表单提供的 validate()方法验证数据是否合法。

由于新增和修改图库分类只有对话框的标题不同，所以新增和修改图库分类可以使用同一个对话框，数据层定义 titleVal 用于显示对话框的标题。如果 titleVal 的值为“新增图库分类”，则调用新增图库分类 API。

注意：

新增图库分类 API 调用成功之后，需要调用子组件的 getPicsCateData()方法获取最新数据。

父组件要如何调用子组件的方法呢？

首先子组件往外共享方法，示例代码如下。

```
//向父组件暴露方法
defineExpose({
    getPicsCateData
})
```

父组件通过 ref 获取子组件并调用方法。

```
<AsidePicCate ref="picsCateRef" ></AsidePicCate>
//获取组件 DOM 实例
const picsCateRef = ref(null)
//获取最新数据（子组件方法）
picsCateRef.value.getPicsCateData()
```

接下来进行数据初始化，单击“新增”按钮的事件代码如下。

```
//打开新增对话框
const dialogVisibleAddList = () => {
    //数据初始化
    ruleFormAddPic.name = ""
    ruleFormAddPic.order = 10
    titleVal.value = '新增图库分类'
    dialogVisibleAddPics.value = true
}
```

关闭对话框，重置表单数据，示例代码如下。

```
//关闭对话框
const closeDiaLog = () => {
    //重置表单数据
    ruleFormRefAddPic.value.resetFields()
}
```

5.6　修改图库分类

本节将实现修改图库分类功能，即单击图库分类列表中的编辑 icon 图标将弹出“修改图库分类”对话框，修改图库分类时需要注意以下两点。

（1）修改图库分类对话框和新增图库分类对话框属于同一个对话框。

（2）icon 图标在 AsidePicCate.vue 子组件中，而对话框在 PicList.vue 父组件中，这就需要从子组件调用父组件中的方法。

子组件要如何调用父组件中的方法呢？实现步骤如下。

（1）为子组件的 icon 图标绑定触发事件。

（2）在父组件定义子组件所要触发的事件。

子组件示例代码如下。

```
<el-button type="primary" text @click="$emit('edit', item)">
      <el-icon>
          <Edit />
      </el-icon>
</el-button>
```

父组件示例代码如下。

```
<AsidePicCate ref="picsCateRef" @edit="editCateList" ></AsidePicCate>
//修改图库分类
const editCateList = (item) => {
    //修改对话框标题
    titleVal.value = '修改图库分类'
    //初始化数据源
    ruleFormAddPic.name = item.name
    ruleFormAddPic.order = item.order
    id.value = item.id
    //打开对话框
    dialogVisibleAddPics.value = true
}
```

通过上述代码可打开“修改图库分类”对话框，并进行数据初始化，单击“确定”按钮调用修改图库分类 API。

修改图库分类接口文档信息如下。

请求 URL：admin/editPicsList/:id

请求方式：POST

请求参数：

参 数 名	是否必选	类　型	说　明
id	是	Number	URL 参数
name	是	String	data 参数
order	是	Number	data 参数

返回示例：

```
{
  msg: "ok"
  data: true
}
```

根据接口文档定义发送请求 API 的方法，示例代码如下。

```
//修改图库分类
export const editPiscCateList=(id,data)=>{
   return request({
      url:'admin/editPicsList/${id}',
      method:'POST',
      data
   })
}
```

API 调用代码如下。

```
const addPicsCateListOk = () => {
   //验证规则是否通过
   ruleFormRefAddPic.value.validate(async isValid => {
      if (!isValid) {
         return
      }
      if (titleVal.value == '新增图库分类') {
         //...
      } else if (titleVal.value == '修改图库分类') {
         const res = await editPiscCateList(id.value, ruleFormAddPic)
         if (res.msg && res.msg !== 'ok') {
            return
         }
         //关闭对话框
         dialogVisibleAddPics.value = false
         //获取最新数据（子组件方法）
         picsCateRef.value.getPicsCateData()
      }
   })
}
```

5.7　删除图库分类

本节实现删除图库分类功能，即单击删除 icon 图标弹出“删除”对话框，如图 5-3 所示。

图 5-3

删除图库分类功能的实现步骤如下。

（1）为子组件的删除 icon 图标绑定触发事件，调用父组件方法。

（2）调用删除图库分类 API。

首先为子组件的删除 icon 图标绑定触发事件，示例代码如下。

```
<el-button type="primary" text @click="$emit('del', item)">
      <el-icon>
         <Close />
      </el-icon>
</el-button>
```

在父组件定义子组件所触发的事件，示例代码如下。

```
<AsidePicCate @del="delCateList"></AsidePicCate>
//删除图库分类
const delCateList = async (item) => {
   console.log(item)
   const isdel = await ElMessageBox.confirm(
      '是否删除图库分类?',
      '删除',
      {
         confirmButtonText: '确定',
         cancelButtonText: '取消',
         type: 'warning',
      }
   ).catch(err => {
      return err
   })
   if (isdel == 'confirm') {
      //调用删除图库分类 API
      const res = await delCateListFn(item.id)
      console.log(res)
      if (res.msg && res.msg !== 'ok') {
         return  ElMessage.error(res.msg)
      }
      //获取最新数据（子组件方法）
      picsCateRef.value.getPicsCateData()
   }
}
```

上述代码判断是否单击了“删除”按钮，如果单击“删除”按钮，则调用删除图库分类 API，删除图库分类接口文档信息如下。

请求 URL：admin/delPicsCateList/:id/delete

请求方式：POST

请求参数：

参 数 名	是否必选	类　型	说　明
id	是	Number	分类 ID

返回示例：

```
{
 msg: "ok"
 data: true
}
```

根据接口文档定义发送请求 API 的方法。

```
//删除图库分类
export const delCateListFn=(id)=>{
   return request({
      url:'admin/delPicsCateList/${id}/delete',
      method:'POST'
   })
}
```

5.8　图库列表布局

图库模块为左右布局，左侧显示图库分类，右侧显示图库列表，至此，图库分类已经开发完成，本节将实现图库列表布局。

上述章节已经将图库列表抽离成一个独立组件，打开 AsidePicMain.vue 组件，视图层静态代码如下。

```
<div class="cateList1">
   <el-row :gutter="20">
      <el-col :span="6">
         <el-card style="margin-bottom: 15px;
position: relative;" shadow="hover">
            <el-image style="width: 100%;
height: 150px" :src="" fit="cover"/>
            <div class="pic_title">标题</div>
            <div class="pic_edit">
               <span>重命名</span>
```

```
                <span>删除</span>
            </div>
        </el-card>
    </el-col>
  </el-row>
</div>
<div class="page1">
  分页区域
</div>
```

CSS 样式代码如下。

```
<style lang='less' scoped>
.el-main {
  height: 100%;
  position: relative;
}
.cateList1 {
  position: absolute;
  top: 0px;
  right: 0px;
  left: 0px;
  bottom: 50px;
  overflow-y: auto;
  overflow-x: hidden;
  padding: 15px;
  box-sizing: border-box;
  .picItem {
    width: 20%;
    height: auto;
  }
}
.page1 {
  position: absolute;
  right: 0px;
  left: 0px;
  bottom: 0px;
  height: 50px;
  display: flex;
  align-items: center;
  justify-content: center;
}
:deep(.el-card__body) {
  padding: 0px !important;
}
.pic_title {
  text-align: center;
```

```
    width: 100%;
    height: 30px;
    line-height: 30px;
    background: #000;
    color: #fff;
    position: absolute;
    bottom: 38px;
    opacity: 0.7;
    overflow: hidden;
}
.pic_edit {
    text-align: center;
    height: 30px;
    line-height: 30px;
    padding-bottom: 5px;
    span {
        padding-right: 15px;
        color: #409EFF;
        cursor: pointer;
    }
}
</style>
```

通过上述代码即可实现图库列表布局。

5.9　图库列表前后端数据交互

本节将实现图库列表前后端数据交互功能，调用 API 获取后端真实数据并将其渲染到视图层，接口文档信息如下。

请求 URL：admin/getPicList/:id/image/:page?limit=8

请求方式：GET

请求参数：

参 数 名	是否必选	类　型	说　明
id	是	Number	分类 ID
page	是	Number	分页页码
limit	是	Number	分页条数

返回示例：

```
{
  msg: "ok",
  data: { list: (8) […], totalCount: 36 }
}
```

图库列表前后端数据交互功能的实现步骤如下。

（1）打开 api 目录下的 pics.js 模块，根据接口文档定义发送请求 API 的方法，示例代码如下。

```
//根据分类 ID 获取图库列表
export const getPicsList=(id,page,limit)=>{
    return request({
        url:'admin/getPicList/${id}/image/${page}',
        params:{
            limit
        }
    })
}
```

（2）定义接口中所需要的参数。从接口文档可看出需要传入 id、page、limit 参数，打开 AsidePicMain.vue 图库列表组件定义参数，示例代码如下。

```
//定义 API 查询参数
const queryData = reactive({
    //图库 ID
    id: 0,
    //分页页码
    page: 1,
    //显示条数
    limit: 8
})
```

（3）在图库列表组件定义方法调用 API，示例代码如下。

```
import { getPicsList } from '@/api/pics.js'
//获取图片列表数据
const getPics = async () => {
    const res = await getPicsList(queryData.id, queryData.page, queryData.limit)
    console.log(res)
    if (res.msg && res.msg !== 'ok') {
        return ElMessage.error(res.msg)
    }
    //数据获取成功，保存数据
    data.picListData = res.data.list
    data.total = res.data.totalCount
}
```

注意：

当前图库分类 ID 为初始数据 0，由于当前组件无法直接获取图库分类 ID，所以暂时不能调用 getPics()方法。

（4）定义获取父组件图库分类 ID 的方法，示例代码如下。

```
//获取父组件图库分类 ID，调用 getPics()方法
const getDataById = (id) => {
    queryData.id = id
    //调用 API
    getPics()
}
//共享 getDataById 方法
defineExpose({
    getDataById
})
```

代码解析：

之所以不能立即调用 getPics()方法，是因为没有直接获取图库分类 ID 的值，上述代码是将子组件的 getDataById 方法暴露给父组件，父组件调用 getDataById 方法并传入图库分类 ID，接收到图库分类 ID 即可调用 getPics()方法获取图库列表。

（5）在图库分类组件中将图库分类 ID 传递给父组件。

读者需要考虑图库分类 ID 是在哪个时间点获取的。图库列表绑定了 changeCateList()方法并传入了图库分类 ID，所以当单击分类菜单时，即可获取图库分类 ID 并将其传递给父组件，示例代码如下。

```
//子组件向父组件传递数据
const emit=defineEmits(["change"])
//分类选择
const changeCateList=(i)=>{
    isActive.value=i
    emit('change',i)
}
```

代码解析：

子组件向父组件传递数据时可使用 defineEmits()方法。

（6）父组件接收图库分类 ID，示例代码如下。

```
<AsidePicCate @change="changeCateListId"></AsidePicCate>
//获取子组件传递的图库分类 ID
const changeCateListId=(i)=>{
    console.log(i)
}
```

代码解析：

changeCateListId()方法中的参数 i 是子组件传递过来的图库分类 ID。

（7）父组件调用图库列表组件方法，实现数据交互，示例代码如下。

```
<AsidePicMain ref="picMainRef"></AsidePicMain>
//获取 picMainRef 组件 DOM 元素
const picMainRef=ref(null)
```

```
//获取子组件传递的图库分类 ID
const changeCateListId=(i)=>{
    console.log(i)
    picMainRef.value.getDataById(i)
}
```

通过上述 7 个步骤，即可实现根据图库分类 ID 获取图库列表数据功能。

5.10 图库列表渲染及重命名

本节实现图库列表渲染及重命名功能。首先实现图库列表渲染功能，图库列表数据在 5.9 节已经通过调用 API 将其保存到数据层，将数据层数据渲染到视图层的代码如下。

```
    <el-row :gutter="20">
        <el-col :span="6" v-for="item in data.picListData" :key="item.id">
            <el-card style="margin-top: 15px;position: relative;"
shadow="hover">
                <el-image style="width: 100%; height: 150px"
:src="item.url" fit="cover" :preview-src-list="[item.url]"
                    :initial-index="0" />
                <div class="pic_title">{{ item.name }}</div>
                <div class="pic_edit">
                    <span @click="openDialogVisibleEdit(item)">
                    重命名</span>
                    <span @click="delPic(item.id)">删除</span>
                </div>
            </el-card>
        </el-col>
    </el-row>
```

代码解析：

图片展示采用 Element Plus 提供的 image 组件，该组件会提供图片预览功能。为重命名标签绑定 openDialogVisibleEdit()事件，参数为当前图片信息。为删除标签绑定 delPic()事件，参数为图片 ID。

接下来实现图片重命名功能，“图片重命名”对话框效果如图 5-4 所示。

可采用对话框实现图片重命名功能，视图层示例代码如下。

```
    <el-dialog v-model="data.dialogVisibleEdit"
title="图片重命名" width="30%">
        <el-form :model="formPicName">
            <el-form-item>
```

```
            <el-input v-model="formPicName.name" />
        </el-form-item>
    </el-form>
    <template #footer>
        <span class="dialog-footer">
            <el-button @click="data.dialogVisibleEdit = false">
                取消</el-button>
            <el-button type="primary" @click="editPicNameOk">
                确定
            </el-button>
        </span>
    </template>
</el-dialog>
```

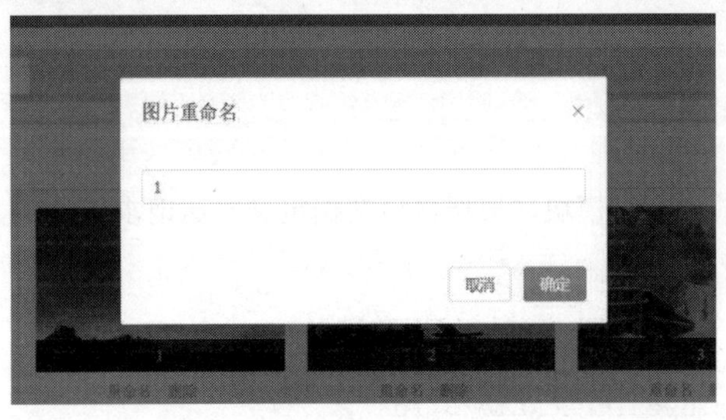

图 5-4

在数据层定义对话框中的 form 表单数据源，示例代码如下。

```
const data = reactive({
   //默认关闭对话框
   dialogVisibleEdit: false,
})
const formPicName = reactive({
   name: '',
   id: 0
})
```

打开“图片重命名”对话框，为 name 和 id 重新赋值，示例代码如下。

```
//打开“图片重命名”对话框
const openDialogVisibleEdit = (item) => {
   console.log(item)
   //为 id 和 name 重新赋值
   formPicName.name = item.name
   formPicName.id = item.id
   data.dialogVisibleEdit = true
}
```

单击对话框中的“确定”按钮时，调用图片重命名 API 实现数据交互，接口文档信息如下。

请求 URL：admin/editPicName/:id

请求方式：POST

请求参数：

参 数 名	是 否 必 选	类　型	说　明
id	是	String	图片 ID
name	是	String	图片名称

返回示例：

```
{
  "msg": "ok",
  "data": true
}
```

打开 api 目录下的 pics.js 模块，根据接口文档定义发送请求 API 的方法，示例代码如下。

```
//图片重命名
export const editPicNameFn=(id,name)=>{
    return request({
        url:'admin/editPicName/${id}',
        method:'POST',
        data:{
            name
        }
    })
}
```

在图库列表导入 editPicNameFn 方法并进行调用，示例代码如下。

```
//确定修改图片名称
const editPicNameOk = async () => {
    //调用 API
    const res = await editPicNameFn(formPicName.id, formPicName.name)
    console.log(res)
    if (res.msg && res.msg !== 'ok') {
        return ElMessage.error(res.msg)
    }
    //获取最新数据
    getPics()
    //关闭对话框
    data.dialogVisibleEdit = false
}
```

5.11　删 除 图 片

本节将实现删除图片功能，删除图片接口文档信息如下。

请求 URL：admin/delPic/delete_all

请求方式：POST

请求参数：

参 数 名	是 否 必 选	类　型	说　明
ids	是	Array	图片 ID

返回示例：

```
{
  "msg": "ok",
  "data": true
}
```

打开 api 目录下的 pics.js 模块，根据接口文档定义发送请求 API，示例代码如下。

```
//删除图片
export const delPicFn=(ids)=>{
    return request({
        url:'admin/delPic/delete_all',
        method:'POST',
        data:{
            ids
        }
    })
}
```

在图库列表组件导入 delPicFn()方法，单击“删除”按钮弹出“删除”对话框，单击“确定”按钮时，调用 delPicFn()方法删除图片，示例代码如下。

```
import { getPicsList, editPicNameFn, delPicFn } from '@/api/pics.js'
//删除图片
const delPic = async (i) => {
    const isdel = await ElMessageBox.confirm(
        '是否删除图片?',
        '删除',
        {
            confirmButtonText: '确定',
            cancelButtonText: '取消',
```

```
            type: 'warning',
        }
    ).catch(err => err)
    if (isdel !== 'confirm') {
        return
    }
    //调用删除 API
    const res = await delPicFn([i])
    console.log(res)
    if (res.msg && res.msg !== 'ok') {
        return ElMessage.error(res.msg)
    }
    //获取最新数据
    getPics()
}
```

通过上述代码即可实现删除图片功能。

第 6 章

管理员管理

本章将介绍如何开发一个管理员管理模块，以便管理员可以管理和维护网站的管理员账号、权限、角色等。通过对本章内容的学习，您将学会开发一个完整的管理员模块，并了解如何在实际项目中处理管理员权限和角色管理的问题。

6.1　管理员管理页面样式布局

本节将实现管理员管理页面样式布局功能，如图 6-1 所示。

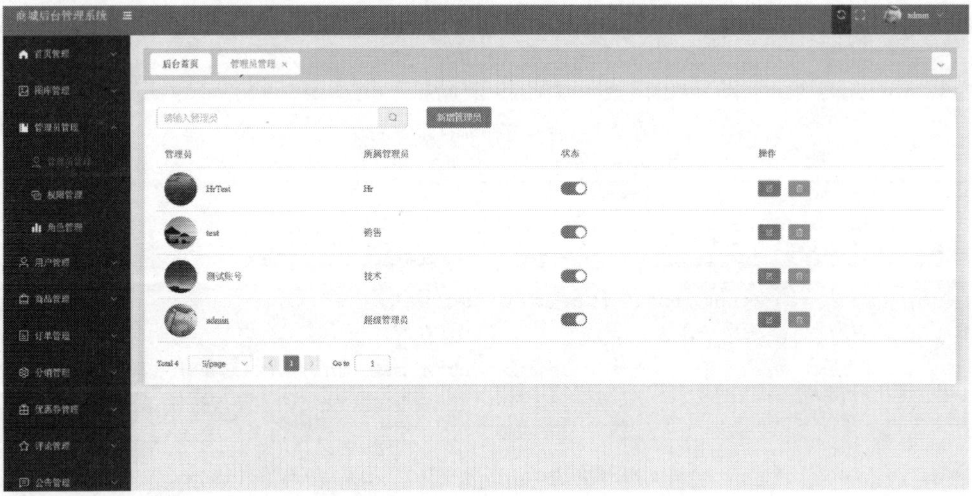

图 6-1

通过图 6-1 可见，管理员管理页面包含搜索管理员、新增管理员、编辑管理员以及删除管理员功能。

在 views 目录下新建 Manager.vue 页面，视图层静态代码如下。

```
<template>
  <div>
    <el-card>
      <el-row :gutter="30">
        <el-col :span="8">
          <el-input v-model="keyword" placeholder="请输入管理员"
clearable @clear="getDataList">
            <template #append>
              <el-button :icon="Search" @click="getDataList" />
            </template>
          </el-input>
        </el-col>
        <el-col :span="8">
         <el-button type="primary" @click="addManagerHandle">新增管理员
         </el-button>
        </el-col>
      </el-row>
      <el-table :data="tableData" style="width: 100%">
        <el-table-column label="管理员">
          <template #default="scope">
            <div class="avatar">
              <el-avatar :size="50"
:src="scope.row.avatar" />
              {{ scope.row.username }}
            </div>
          </template>
        </el-table-column>
        <el-table-column label="所属管理员">
          <template #default="scope">
            <div>
              {{ scope.row.role.name }}
            </div>
          </template>
        </el-table-column>
        <el-table-column label="状态">
          <template #default="scope">
            <div>
              <!-- active-value switch 打开状态的值
                inactive-value switch 关闭状态的值
              -->
              <el-switch
v-model="scope.row.status" :active-value="1" :inactive-value="0"
```

```
@change="changeState($event, scope.row)" />
                    </div>
                </template>
            </el-table-column>
            <el-table-column label="操作">
                <template #default="scope">
                    <div>
                        <el-button type="primary" :icon="Edit" size="small"
@click="editManagerHandle(scope.row)" />
                        <el-button type="warning" :icon="Delete" size="small"
@click="delMansgerHandle(scope.row.id)" />
                    </div>
                </template>
            </el-table-column>
        </el-table>
    </el-card>
  </div>
</template>
```

代码解析：

上述代码定义 getDataList()方法获取管理数据列表，addManagerHandle()方法实现新增管理员功能，editManagerHandle()方法实现编辑管理员功能，delMansgerHandle()方法实现删除管理员功能。

管理员列表使用 el-table 组件渲染数据，表格数据源是 tableData。

管理员列表的 CSS 样式代码如下。

```
<style lang='less' scoped>
.el-card {
   margin-top: 20px
}
.el-table {
   margin-top: 20px
}
.avatar {
   display: flex;
   align-items: center;

   .el-avatar {
      margin-right: 15px;
   }
}
.select-width {
   width: 100%;
}
</style>
```

6.2 管理员管理页面数据交互

本节将实现管理员管理页面数据交互功能，后端接口文档信息如下。

请求 URL：admin/manager/:page

请求方式：POST

请求参数：

参 数 名	是 否 必 选	类　型	说　明
page	是	Number	URL 参数
limit	是	Number	query 参数
keyword	是	String	query 参数

返回示例：

```
{
   msg: "ok"
   data: { list: (5) […], totalCount: 5, roles: (9) […] }
}
```

获取管理员列表数据的实现步骤如下。

（1）在 api 目录下新建 Manager.js 模块，用于存储和管理员相关的 API，根据接口文档定义发送请求 API 的方法，示例代码如下。

```
export const getManagerList=(page,limit,keyword)=>{
   return request({
      url:'admin/manager/${page}',
      method:'GET',
      params:{
         limit,
         keyword
      }
   })
}
```

（2）返回 Manager.vue 页面，定义请求方法中所用到的参数。示例代码如下。

```
import { getManagerList } from '@/api/manager.js'
import { ref, reactive } from 'vue'
//分页页码
const page = ref(1)
//分页条数
const limit = ref(5)
```

```
//搜索关键字
const keyword = ref('')
//返回总条数
const total = ref(0)
//定义空数组，接收后端返回的管理员列表数据
const tableData = ref([])
```

（3）调用 API 获取管理员数据，示例代码如下。

```
//获取管理员数据
const getDataList = async () => {
   const res = await getManagerList(page.value, limit.value, keyword.value)
   if (res.msg && res.msg !== 'ok') {
      return
   }
   tableData.value = res.data.list
   total.value = res.data.totalCount
}
getDataList()
```

通过 getDataList()方法获取管理员数据，并赋值给 tableData，视图层通过 el-table 组件渲染数据。

6.3　管理员状态管理

本节实现管理员状态管理功能，通过 Element Plus 提供的 switch 开关控制管理员账号的关闭和开启状态，后端接口文档信息如下。

请求 URL：admin/manager/:id/update_status

请求方式：POST

请求参数：

参 数 名	是 否 必 选	类　型	说　明
id	是	Number	管理员 ID

返回示例：

```
{
   "msg": "ok",
   "data": true
}
```

修改管理员状态的实现步骤如下。

（1）打开 api 目录下的 manager.js 模块，根据接口文档定义发送请求 API 的方法，示例

代码如下。

```
//修改管理员状态
export const editState=(id,status)=>{
    return request({
        url:'admin/manager/${id}/update_status',
        method:'POST',
        data:{
            status
        }
    })
}
```

（2）为 switch 开关定义 change 事件，并传入当前管理员对象信息。打开 Manager.vue 页面，示例代码如下。

```
<el-switch v-model="scope.row.status"
:active-value="1"
:inactive-value="0"
@change="changeState($event, scope.row)" />
```

（3）在 change 事件中调用 API 实现状态切换，示例代码如下。

```
const changeState = async (e, row) => {
    //调用 API
    const res = await editState(row.id, e)
    console.log(res)
    if (res.msg && res.msg !== 'ok') {
        if (row.status == 0) {
            row.status = 1

        } else if (row.status == 1) {
            row.status = 0
        }
        ElMessage.error(res.msg)
        return
    }
    //状态修改成功提示
    ElMessage({
        message: '状态修改成功',
        type: 'success',
    })
}
```

代码解析：

res.msg !== 'ok'表示状态修改失败，此时需要做以下 3 件事情。

① 恢复 status 状态。

② 弹出错误提示信息。

③ 终止当前程序。

6.4　新增管理员

本节将实现新增管理员的功能，页面效果如图 6-2 所示。

图 6-2

在上述效果中，页面布局使用对话框和 form 表单实现，示例代码如下。

```
<!-- 新增对话框 -->
<el-dialog v-model="dialogVisibleAddManager"
    :title="dialogTitle" width="40%"
    @close="colseAddDialogHandle">
    <el-form ref="ruleFormRefAddManager"
        :model="ruleFormAddManager"
        :rules="rulesAddManager"
        label-width="105px">
        <el-form-item label="用户名" prop="username">
            <el-input v-model="ruleFormAddManager.username" />
        </el-form-item>
        <el-form-item label="密码" prop="password">
            <el-input v-model="ruleFormAddManager.password" />
        </el-form-item>
        <el-form-item label="所属角色" prop="role_id">
            <el-select
                v-model="ruleFormAddManager.role_id"
                placeholder="请选择角色" class="select-width"
```

```
            @change="selectChange">
            <el-option v-for="item in rolesList" :key="item.id"
            :label="item.name" :value="item.id" />
        </el-select>
    </el-form-item>
    <el-form-item label="头像" prop="avatar">
        <SelectImg></SelectImg>
    </el-form-item>
    <el-form-item label="状态" prop="status">
        <el-switch v-model="ruleFormAddManager.status"
            :active-value="1" :inactive-value="0"
            @change="chageStateHandle($event)" />
    </el-form-item>
</el-form>
<template #footer>
    <span class="dialog-footer">
        <el-button @click="dialogVisibleAddManager = false">
        取消</el-button>
        <el-button type="primary" @click="addManagerOkHandle">
            确定
        </el-button>
    </span>
</template>
</el-dialog>
```

代码解析：

在上述代码中，比较重要的属性和方法共有 7 个，分别如下。

① dialogVisibleAddManager 属性用于控制对话框的显示和隐藏。

② dialogTitle 属性用于设置对话框的标题。

③ colseAddDialogHandle 方法用于定义对话框关闭之后的回调。

④ ruleFormRefAddManager 属性用于获取表单 DOM 元素。

⑤ ruleFormAddManager 属性用于设置表单数据源对象。

⑥ rulesAddManager 属性用于定义表单验证规则对象。

⑦ addManagerOkHandle 方法用于定义新增管理员事件。

新增管理员后端接口文档信息如下。

请求 URL：admin/manager

请求方式：POST

请求参数：

参 数 名	是 否 必 选	类　型	说　明
username	是	String	用户名
password	是	String	密码

续表

参 数 名	是否必选	类　型	说　明
role_id	是	Number	角色 ID
status	是	Number	状态
avatar	否	String	头像

返回示例：

```
{
   msg: "ok"
   data: { username: "测试", role_id: 2, status: 1, … }
}
```

新增管理员功能的实现步骤如下。

（1）打开 api 目录下的 manager.js 模块，根据接口文档定义发送请求 API 的方法，示例代码如下。

```
//新增管理员
export const addManager=(data)=>{
   return request({
      url:'admin/manager',
      method:'POST',
      data
   })
}
```

（2）返回 Manager.vue 管理员列表页面，定义接口中所用到的属性、参数及验证规则，示例代码如下。

```
//角色列表
const rolesList = ref([])
//表单 DOM 元素
const ruleFormRefAddManager = ref(null)
//对话框标题
const dialogTitle = ref('')
//新增管理员功能的请求参数
const ruleFormAddManager = reactive({
   username: '',
   password: '',
   role_id: null,
   status: 1,
   avatar: ''
})
//验证规则
const rulesAddManager = reactive({
   username: [
      { required: true, message: '请输入用户名', trigger: 'blur' }
```

```
    ],
    password: [
        { required: true, message: '请输入密码', trigger: 'blur' }
    ],
    role_id: [
        { required: true, message: '请选择所属管理员', trigger: 'blur' }
    ]
})
```

（3）打开“新增管理员”对话框并进行数据初始化，示例代码如下。

```
//打开“新增管理员”对话框
const addManagerHandle = () => {
    ruleFormAddManager.username = ''
    ruleFormAddManager.role_id = null
    ruleFormAddManager.status = 1
    ruleFormAddManager.avatar = ''
    dialogTitle.value = '新增管理员'
    dialogVisibleAddManager.value = true
}
```

（4）定义修改管理员状态的方法。通过 switch 开关控制是否开启当前管理员账号，默认为开启状态，示例代码如下。

```
//修改管理员状态
const chageStateHandle = (e) => {
    console.log(e)
    ruleFormAddManager.status = e
}
```

（5）调用 el-select 渲染所属角色。在获取的管理员数据接口中，后端会返回角色列表，将返回的数据赋值给 rolesList 数组，示例代码如下。

```
//获取管理员数据
const getDataList = async () => {
    const res = await getManagerList(page.value, limit.value, keyword.value)
    //...
    rolesList.value = res.data.roles
}
```

获取角色列表后即可将其渲染到视图层，视图层示例代码如下。

```
<el-select v-model="ruleFormAddManager.role_id"
    placeholder="请选择角色"
    class="select-width"
    @change="selectChange"
    >
    <el-option v-for="item in rolesList" :key="item.id"
```

```
    :label="item.name" :value="item.id"
    />
</el-select>
```

数据层通过 selectChange()方法保存选中的角色，数据层示例代码如下。

```
const selectChange = (val) => {
    console.log(val)
    ruleFormAddManager.role_id = val
}
```

（6）调用 API 实现新增管理员功能，示例代码如下。

```
const addManagerOkHandle = () => {
    //校验表单数据
    ruleFormRefAddManager.value.validate(async isValid => {
        if (!isValid) {
            return
        }
        if (dialogTitle.value == '新增管理员') {
            //校验通过，调用 API
            const res = await addManager(ruleFormAddManager)
            console.log(res)
            if (res.msg && res.msg !== 'ok') {
                return ElMessage.error(res.msg)
            }
            //关闭对话框
            dialogVisibleAddManager.value = false
            //刷新数据
            getDataList()
        } else if (dialogTitle.value == '编辑管理员') {
            console.log('编辑管理员')


        }
    })
}
```

代码解析：

在新增方法中首先调用 form 表单的 validate 方法判断验证规则是否通过，验证规则通过之后再进行接口调用。

由于新增管理员和编辑管理员功能使用的是同一个对话框，所以使用 if 和 else 语句判断接口调用。

（7）关闭对话框，重置表单数据，为对话框绑定@close 事件，重置表单数据的代码如下。

```
//关闭对话框，重置表单数据
const colseAddDialogHandle = () => {
```

```
    ruleFormRefAddManager.value.resetFields()
}
```

经过上述步骤即可实现新增管理员功能。

6.5 删除管理员

本节将实现删除管理员功能，单击 table 表格中的“删除”按钮，弹出“删除”对话框，如图 6-3 所示。

图 6-3

删除管理员的后端接口文档信息如下。

请求 URL：admin/manager/:id/delete

请求方式：POST

请求参数：

参 数 名	是 否 必 选	类 型	说 明
id	是	Number	管理员 ID

返回示例：

```
{
    "msg": "ok",
    "data": true
}
```

删除管理员功能的实现步骤如下。

（1）打开 api 目录下的 manager.js 模块，根据接口文档定义发送请求 API 的方法，示例代码如下。

```
//删除管理员
export const delManager=(id)=>{
    return request({
        url:'admin/manager/${id}/delete',
        method:'POST'
```

```
  })
}
```

（2）为“删除”按钮绑定单击事件并传入管理员 ID，视图层代码如下。

```
<el-button type="warning" :icon="Delete" size="small"
@click="delMansgerHandle(scope.row.id)"
/>
```

（3）在数据层定义 delMansgerHandle()方法，实现删除操作，示例代码如下。

```
//删除管理员
const delMansgerHandle = async (i) => {
   //是否删除
   const isdel = await ElMessageBox.confirm(
      '是否删除？',
      '删除',
      {
         confirmButtonText: '确定',
         cancelButtonText: '取消',
         type: 'warning',
      }
   ).catch(err => err)
   if (isdel !== 'confirm') {
      return
   }
   //调用 API
   const res = await delManager(i)
   if (res.msg && res.msg !== 'ok') {
      return ElMessage.error(res.msg)
   }
   //获取最新数据
   getDataList()
}
```

代码解析：

执行删除操作之前先调用 ElMessageBox 组件，弹出“删除”对话框，单击“确定”按钮时再调用删除 API，最后调用 getDataList()方法获取最新的管理员列表数据。

6.6　编辑管理员信息

本节将实现编辑管理员信息的功能，编辑管理员信息后端接口文档信息如下。

请求 URL：admin/manager/:id

请求方式：POST

请求参数：

参 数 名	是否必选	类 型	说 明
id	是	Number	URL 参数
username	是	String	body 参数
role_id	是	Number	body 参数
avatar	否	String	body 参数
status	是	Number	body 参数

返回示例：

```
{
    "msg": "ok",
    "data": true
}
```

编辑管理员信息功能的实现步骤如下。

（1）打开 api 目录下的 manager.js 模块，根据接口文档定义发送请求 API 的方法，示例代码如下。

```
//编辑管理员信息
export const editManager=(id,data)=>{
    return request({
        url:'admin/manager/${id}',
        method:'POST',
        data
    })
}
```

（2）为“编辑”按钮注册单击事件并进行数据初始化，视图层代码如下。

```
<el-button type="primary" :icon="Edit" size="small"
@click="editManagerHandle(scope.row)"
/>
```

数据层代码如下。

```
//打开编辑对话框并进行数据初始化
const editManagerHandle = (row) => {
    console.log(row)
    dialogTitle.value = '编辑管理员'
    managerId.value = row.id
    //初始化数据
    ruleFormAddManager.username = row.username
    ruleFormAddManager.role_id = row.role_id
    ruleFormAddManager.status = row.status
```

```
    ruleFormAddManager.avatar = row.avatar
    //打开对话框
    dialogVisibleAddManager.value = true
}
```

注意：

在后续操作中需要使用管理员 ID，所以要定义响应式变量 managerId 接收管理员 ID。

（3）表单验证规则通过之后须调用编辑管理员 API，示例代码如下。

```
const addManagerOkHandle = () => {
    //校验表单数据
    ruleFormRefAddManager.value.validate(async isValid => {
        if (!isValid) {
            return
        }
        if (dialogTitle.value == '新增管理员') {
            //...
        } else if (dialogTitle.value == '编辑管理员') {
            const res = await editManager(managerId.value, ruleFormAddManager)
            if (res.msg && res.msg !== 'ok') {
                return ElMessage.error(res.msg)
            }
            //关闭对话框
            dialogVisibleAddManager.value = false
            //刷新数据
            getDataList()
        }
    })
}
```

注意：

由于编辑管理员和新增管理员功能使用的是同一个对话框，因此单击“确定”按钮使用 if 语句判断 API 的调用。

6.7　上传管理员头像

本节将实现上传管理员头像功能，单击上传头像图标，弹出“选择图库”对话框，效果如图 6-4 所示。

从图 6-4 可见，弹出的“选择图库”对话框本质是图库管理模块，可将上传头像的过程分为以下 7 个步骤。

图 6-4

（1）新建 SelectImg.vue 组件，选择头像组件并在新增管理员对话框中进行调用，Manager.vue 组件调用代码如下。

```
import SelectImg from '@/components/SelectImg.vue'
<!-- 新增对话框 -->
<el-dialog>
    <el-form-item label="头像" prop="avatar">
        <SelectImg v-model="ruleFormAddManager.avatar"></SelectImg>
    </el-form-item>
</el-dialog>
```

（2）在 SelectImg.vue 组件中单击头像 icon 图标，弹出对话框，复制图库模块代码，SelectImg.vue 视图层静态代码如下。

```
<!-- 选择头像 -->
<template>
   <div class="image">
      <el-icon @click="dialogVisible = true">
         <Plus />
      </el-icon>
      <el-dialog v-model="dialogVisible"
          title="选择图库" width="80%" top="2vh">
         <el-card
          style="height: 490px;
          padding-top:20px !important;
          padding-bottom: 20px !important;"
          >
            <el-container style="height: 100%;">
               <el-container>
```

```
                    <AsidePicCate ref="picsCateRef" @edit="editCateList"
@del="delCateList" @change="changeCateListId">
                    </AsidePicCate>
                    <AsidePicMain ref="picMainRef" @selectImgData=
                      "selectImgDataHandle" isOpen
                      >
                    </AsidePicMain>
                </el-container>
            </el-container>
        </el-card>
        <template #footer>
            <span class="dialog-footer">
                <el-button @click="dialogVisible = false">
                   取消
                </el-button>
                <el-button type="primary" @click="submitOk">
                   确定
                </el-button>
            </span>
        </template>
    </el-dialog>
  </div>
</template>
```

（3）打开 AsidePicMain.vue 图库列表组件，调用数组的 map 方法，为图库列表中的每个图片对象新增 checked 属性，并在视图层添加复选框，示例代码如下。

```
//获取图片列表数据
const getPics = async () => {
  //...
  data.picListData = res.data.list.map(item=>{
    item.checked=false
    return item
  })
  console.log(data.picListData)
}
```

在视图层将 checked 属性渲染到 el-checkbox 组件，示例代码如下。

```
<div class="pic_edit">
   <el-checkbox v-model="item.checked"
     @change="selectImgHandle(item)" />
   <span @click="openDialogVisibleEdit(item)">重命名</span>
   <span @click="delPic(item.id)">删除</span>
</div>
```

（4）将选中的图片通过 defineEmits 传递给 SelectImg.vue 组件，通过计算属性将图库列表中被选中的图片过滤出来，示例代码如下。

```
const checkedImg=computed(()=>{
    return data.picListData.filter(item=>item.checked)
})
```

获取到选中的图片，定义 defineEmits()方法并传递给 SelectImg.vue 组件，示例代码如下。

```
const emit=defineEmits('selectImgData')
const selectImgHandle=(item)=>{
    if(item.checked&&checkedImg.value.length>1){
        item.checked=false
        return ElMessage.error('只能选择一张')
    }
    emit('selectImgData',checkedImg.value)
}
```

代码解析：

由于只能选择一张图片作为头像，所以当 checkedImg.value.length>1 时，终止程序。

选中的图片通过 defineEmits()方法传递给 SelectImg.vue 组件。

（5）在 SelectImg.vue 组件中获取选中的图片并提取图片的 URL 地址，视图层代码如下。

```
<AsidePicMain
     ref="picMainRef"
     @selectImgData="selectImgDataHandle"
>
</AsidePicMain>
```

数据层代码如下。

```
let urls = []
const selectImgDataHandle = (i) => {
    //i 就是选中的图片
    console.log(i)
    urls = i.map(item => item.url)
}
```

代码解析：

上述代码将选中图片的 URL 地址保存到 urls 数组中。

获取到图片的 URL 地址之后还需要考虑两件事情：① 如何将图片渲染到 SelectImg.vue 组件；② 如何将图片的 URL 地址传递给 Manager.vue 父组件。

（6）在 Manager.vue 父组件中为 SelectImg.vue 子组件绑定 v-model 属性，示例代码如下。

```
<el-form-item label="头像" prop="avatar">
    <SelectImg v-model="ruleFormAddManager.avatar"></SelectImg>
</el-form-item>
```

在 SelectImg.vue 组件通过 defineProps()方法接收 v-model 的值，并通过 defineEmits()方法修改 v-model 的值，示例代码如下。

```
//通过 defindProps()方法接收父组件传递的值
const props = defineProps({
   modelValue:[String,Array]
})
const emit = defineEmits(["update:modelValue"])
const submitOk = () => {
    //修改父组件 v-model 的值
    if(urls.length){
        emit("update:modelValue",urls[0])
    }
    //关闭对话框
    dialogVisible.value=false
}
```

（7）显示头像。将选中的头像显示到 SelectImg.vue 视图层，示例代码如下。

```
<!-- 如果 modelValue 的值存在，渲染图片 -->
<div v-if="modelValue">
    <el-image class="avatar" :src="modelValue" fit="cover" />
</div>
```

6.8　搜索及分页

本节实现搜索及分页功能。

1. 搜索功能

搜索功能的实现步骤如下。

（1）为“搜索”按钮绑定 getDataList 事件。

（2）为搜索输入框添加 v-model 属性绑定搜索关键字。

（3）为搜索输入框添加清空事件。

视图层示例代码如下。

```
<el-input
      v-model="keyword"
      placeholder="请输入管理员"
      clearable @clear="getDataList"
>
      <template #append>
           <el-button :icon="Search" @click="getDataList" />
      </template>
</el-input>
```

数据层示例代码如下。

```
//搜索关键字
const keyword = ref('')
//获取管理员数据
const getDataList = async () => {
   const res = await getManagerList(page.value, limit.value, keyword.value)
   //...
}
```

代码解析：

在获取的管理员数据接口中，传入的第三个参数 keyword.value 是搜索关键字。

接下来实现分页功能。

2. 分页功能

分页功能的实现步骤如下。

（1）视图层使用 el-pagination 分页组件。

（2）定义分页组件所用到的属性和方法。

视图层示例代码如下。

```
<el-pagination
   v-model:current-page="page"
   v-model:page-size="limit"
   :page-sizes="[5, 10, 15, 20]"
   :small="small"
   :background="background"
   layout="total, sizes, prev, pager, next, jumper"
   :total=total
   @size-change="handleSizeChange"
   @current-change="handleCurrentChange"
 />
```

数据层示例代码如下。

```
//分页组件尺寸
const small = ref('small')
//开启分页背景
const background = ref('background')
//分页页码
const page = ref(1)
//分页条数
const limit = ref(5)
//总条数
const total = ref(0)
//分页事件
```

```
const handleSizeChange = (val) => {
   limit.value = val
   getDataList()
}
const handleCurrentChange = (val) => {
   page.value = val
   getDataList()
}
```

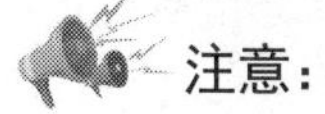

注意：

后续所有分页功能均使用 el-pagination 组件实现。

6.9　菜单权限管理样式布局

本节将实现菜单权限管理功能，通过菜单权限管理可实现新增导航菜单、新增菜单权限、编辑导航菜单、删除导航菜单、修改启用状态等功能，菜单权限管理样式如图 6-5 所示。

图 6-5

在 views 目录下新建 Rules.vue 权限管理页面，实现静态页面布局，视图层代码如下。

```
<template>
   <div>
      <el-card>
         <div>
            <el-button type="primary" @click="oppenDialog">
```

```
        新增
      </el-button>
    </div>
    <el-tree
      :data="data"
      :props="defaultProps"
      node-key="id"
      :default-expanded-keys="defaultKeys"
      >
      <template #default="{ node, data }">
         <div class="content">
            <div class="left">
               <el-tag v-if="data.menu == 1">菜单</el-tag>
               <el-tag type="success" v-if="data.menu == 0">
                  权限
               </el-tag>
               <el-icon>
                 <component :is="data.icon"></component>
               </el-icon>
               {{ data.name }}
            </div>
            <div class="right">
              <el-switch
                 v-model="data.status"
                 :inactive-value="0"
                 :active-value="1"
                 @change="switchChange($event, data)"
                 @click.stop=""
               />
               <el-button type="primary"
                 :icon="Edit" size="small"
                 @click.stop="editRules(data)"
              />
               <el-tooltip effect="dark"
                 content="新增"
                 placement="top"
                 :enterable="false"
               >
                 <el-button type="warning"
                    :icon="CirclePlusFilled" size="small"
                    @click.stop="addSub(data.id)"
                 />
               </el-tooltip>
               <el-button type="danger"
                 :icon="Delete" size="small"
                 @click.stop="delRules(data)"
```

```
                    />
                </div>
            </div>
        </template>
    </el-tree>
  </el-card>
</div>
</template>
```

代码解析：

菜单权限列表使用 Element Plus 提供的 tree 树形控件实现布局，在 tree 树形控件中，通过:data 指定数据源，通过:props 指定显示数据源中的哪个属性以及子节点，通过 node-key 指定每个节点的唯一标识，通过:default-expanded-keys 属性设置默认展开一级菜单的 ID。

在 tree 树形控件中，使用自定义插槽显示节点内容<template #default="{ node, data }">，其中 data 属性包含每个对象节点的所有信息。

CSS 样式代码如下。

```
<style lang='less' scoped>
.el-card {
    margin-top: 20px;
    .el-tree {
        margin-top: 20px;
    }
    .content {
        width: 100%;
        display: flex;
        align-items: center;
        padding-top: 20px;
        padding-bottom: 20px;
        .left {
            width: 200px;
            display: flex;
            align-items: center;
            .el-icon {
                margin-left: 10px;
                margin-right: 10px;
            }
        }
        .right {
            margin-left: auto;
            width: 200px;

            .el-switch {
                margin-right: 13px;
            }
        }
```

```
    }
}
:deep(.el-tree-node__content) {
    height: 40px;
}
.el-select {
    width: 100%;
}
</style>
```

6.10 菜单权限管理表数据交互

本节实现菜单权限管理表数据交互功能，获取的权限列表数据接口文档信息如下。

请求 URL：admin/rule/1

请求方式：GET

请求参数：无

返回示例：

```
{
    data: { list: (8) […], totalCount: 146, rules: (8) […] }
    msg: "ok"
}
```

实现步骤如下。

（1）在 api 目录下新建 rules.js 模块，用来保存和权限管理相关的 API，根据接口文档定义发送请求 API 的方法，示例代码如下。

```
//导入 axios
import request from '@/utils/request'
//获取菜单权限列表
export const getRulesListFn=()=>{
    return request({
        url:'admin/rule/1',
        method:'GET'
    })
}
```

（2）在 Rules.vue 组件中导入 API 方法并在数据层定义常量，用于接收返回的数据，数据层示例代码如下。

```
import { getRulesListFn } from '@/api/rules.js'
//树形控件数据源
const data = ref([])
//权限列表数据源
```

```
const rulesList = ref([])
//一级菜单 ID
const defaultKeys = ref([])
```

代码解析：

data 和 rulesList 用于接收服务器端返回的数据。

defaultKeys 用于接收返回列表中的一级菜单 ID，作用是设置 tree 控件的默认展开数据。

（3）定义方法获取菜单权限列表数据并进行方法调用，示例代码如下。

```
//获取菜单权限列表
const getRulesList = async () => {
    const res = await getRulesListFn()
    if (res.msg && res.msg !== 'ok') {
        return ElMessage.error(res.msg)
    }
    //保存数据
    data.value = res.data.list
    rulesList.value = res.data.rules
    //获取一级菜单 ID
    defaultKeys.value = res.data.list.map(item => {
        return item.id
    })
}
getRulesList()
```

6.11　新增菜单权限

本节实现新增菜单权限功能，如图 6-6 所示。

图 6-6

新增菜单权限接口文档信息如下。

请求 URL：admin/rule

请求方式：POST

请求参数：

参 数 名	是 否 必 选	类 型	说 明
rule_id	否	Number	上级菜单 ID
menu	是	Number	1 为菜单；0 为规则
name	是	String	名称
order	是	Number	排序
status	是	Number	是否启用
icon	菜单必填	String	图标
frontpath	是菜单且 rule_id>0，则必填	String	前端路由
condition	规则必填	String	后端规则
method	规则必填	String	请求方式

返回示例：

```
{
   msg: "ok"
   data: { rule_id: 0, menu: 1, name: "新增测试", … }
}
```

新增菜单权限功能的实现步骤如下。

（1）打开 api 目录下的 rules.js 模块，根据接口文档定义发送请求 API 的方法，示例代码如下。

```
//新增菜单权限
export const addRulesFn=(data)=>{
   return request({
      url:'admin/rule',
      method:'POST',
      data
   })
}
```

（2）打开 Rules.vue 权限管理页面布局，调用 Element Plus 提供的对话框布局，新增对话框的页面样式，示例代码如下。

```
<el-dialog v-model="dialogVisibleAddRules" :title="titleValue" width="40%">
         <el-form :model="formData" label-width="110px">
            <el-form-item label="上级菜单">
               <el-cascader :options="rulesList"
                  :props="props1"
                  v-model="formData.rule_id"
```

```
            placeholder="请选择上级菜单"
          />
        </el-form-item>
        <el-form-item label="菜单/规则">
          <el-radio-group v-model="formData.menu">
            <el-radio :label="1" border>菜单</el-radio>
            <el-radio :label="0" border>规则</el-radio>
          </el-radio-group>
        </el-form-item>
        <el-form-item label="名称">
          <el-input v-model="formData.name" />
        </el-form-item>
        <el-form-item label="菜单图标" v-if="formData.menu == 1">
          <IconSelect v-model="formData.icon"></IconSelect>
        </el-form-item>
        <!-- 一级菜单没有前端路由，二级菜单才有 -->
        <el-form-item label="前端路由"
          v-if="formData.menu == 1 && formData.rule_id > 0"
        >
          <el-input v-model="formData.frontpath" />
        </el-form-item>
        <el-form-item label="后端规则" v-if="formData.menu == 0">
          <el-input v-model="formData.condition" />
        </el-form-item>
        <el-form-item label="请求方式" v-if="formData.menu == 0">
          <el-select v-model="formData.method"
            placeholder="请选择请求方式"
          >
            <el-option
              v-for="item in methodData"
              :key="item.id" :label="item.name"
              :value="item.name"
            />
          </el-select>
        </el-form-item>
        <el-form-item label="排序">
          <el-input-number v-model="formData.order"
           :min="1" :max="1000"
           @change="handleChangeOrder"
          />
        </el-form-item>
        <el-form-item label="状态">
          <el-switch
           v-model="formData.status"
           :active-value="1" :inactive-value="0"
           @change="isSwitch" />
```

```
            </el-form-item>
        </el-form>
        <template #footer>
            <span class="dialog-footer">
                <el-button @click="dialogVisibleAddRules = false">
                    取消
                </el-button>
                <el-button type="primary" @click="addRulesOk">
                    确定
                </el-button>
            </span>
        </template>
    </el-dialog>
```

代码解析：

上级菜单使用 el-cascader 级联选择器控件，:options 属性用于设置级联选择器数据源对象，:props 属性用于设置级联选择器配置信息。

菜单规则使用 el-radio-group 单选控件，:label="1"表示菜单，:label="0"表示规则。

排序使用 el-input-number 控件，可通过@change 事件获取实时排序。状态使用 el-switch 控件。

单选按钮为“菜单”时才显示图标和前端路由输入框，使用 v-if="formData.menu == 1"控制，单选按钮为“规则”时才显示后端规则和请求方式输入框，使用 v-if="formData.menu == 0"控制。

由于新增和编辑采用同一个对话框，所以对话框标题使用:title="titleValue"动态绑定形式。

（3）在数据层定义对话框中所绑定的数据源，示例代码如下。

```
//控制对话框的显示和隐藏
const dialogVisibleAddRules = ref(false)
//对话框标题
const titleValue = ref('')
//上一级菜单数据源
const rulesList = ref([])
//请求方法中的 9 个参数
const formData = reactive({
    rule_id: 0,
    //1 表示菜单，0 表示规则
    menu: 1,
    name: '',
    //后端规则
    condition: '',
    //后端请求方式
    method: '',
    status: 1,
    order: 50,
    icon: '',
```

```
    //前端路由
    frontpath: ''
})
//请求方式
const methodData = ref([
    { id: 1, name: 'GET' },
    { id: 2, name: 'POST' },
    { id: 3, name: 'PUT' },
    { id: 4, name: 'DELETE' }
])
//级联选择器配置对象
const props1 = reactive({
    checkStrictly: true,
    value: 'id',
    label: 'name',
    children: 'child',
    //直接返回 id，否则会返回对象
    emitPath: false
})
//排序事件
const handleChangeOrder = (val) => {
    formData.order = val
}
//切换状态事件
const isSwitch = (e) => {
    formData.status = e
}
```

（4）打开新增对话框并初始化数据，示例代码如下。

```
const oppenDialog = () => {
    titleValue.value = '新增'
    formData.rule_id = 0
    formData.menu = 1
    formData.name = ''
    formData.condition = ''
    formData.method = ''
    formData.status = 1
    formData.order = 50
    formData.icon = ''
    formData.frontpath = ''
    dialogVisibleAddRules.value = true
}
```

（5）调用 API 实现新增功能。单击对话框中的“确定”按钮实现新增功能，示例代码如下。

```
//确定新增
const addRulesOk = async () => {
    if (titleValue.value == '新增') {
        const res = await addRulesFn(formData)
        if (res.msg && res.msg !== 'ok') {
            return
        }
        dialogVisibleAddRules.value = false
        getRulesList()
    } else if (titleValue.value == '编辑') {
        //...
    }
}
```

6.12 封装 icon 图标模块

本节实现将 icon 图标封装成独立组件功能。

封装 icon 图标模块的步骤如下。

（1）在 components 目录中新建 IcoSelect.vue 组件并实现样式布局，示例代码如下。

```
<!-- 选择图标组件 -->
<template>
    <div class="selectIco">
        <el-select
          :modelValue="modelValue"
          placeholder="请选择 icon 图标"
          @change="changeHandle" filterable
        >
            <el-option
                v-for="item in icons"
                :key="item"
                :label="item" :value="item"
            >
                <el-icon>
                    <component :is="item"></component>
                </el-icon>
                {{ item }}
            </el-option>
        </el-select>
        <el-icon size=20 v-if="modelValue">
            <component :is="modelValue"></component>
        </el-icon>
```

```
</div>
</template>
```

代码解析：

:modelValue 属性值是父组件通过 v-model 传递过来的。循环遍历的 icons 是 Element Plus 提供的 icon 图标。

（2）定义 IcoSelect.vue 组件视图层所需要的数据源，示例代码如下。

```
//element 图标
import * as ElementPlusIconsVue from '@element-plus/icons-vue'
import {ref} from 'vue'
//接收父组件的 v_model 数据
defineProps({
   modelValue:String
})
const icons=ref(Object.keys(ElementPlusIconsVue))
```

（3）在 Rules.vue 菜单权限页面引用 IcoSelect.vue 组件并使用 v-model 绑定数据源的参数，示例代码如下。

```
//数据层引用
import IconSelect from '@/components/IconSelect.vue'
<!-- 视图层调用 -->
<el-form-item label="菜单图标" v-if="formData.menu == 1">
      <IconSelect v-model="formData.icon"></IconSelect>
</el-form-item>
```

（4）在 IcoSelect.vue 组件中通过 defineEmits 方法修改 v-model 的值，示例代码如下。

```
//将选择的图标传递给父组件
const emit=defineEmits(["update:modelValue"])
//select 下拉框 change 事件
const changeHandle=(e)=>{
   //实时更新 v-model 的值
   emit("update:modelValue",e)
}
```

6.13　修改菜单权限

本节将实现修改菜单权限的功能，单击“编辑”按钮，弹出“编辑”对话框，如图 6-7 所示。

注意：

修改菜单权限功能和新增菜单权限功能使用同一个对话框。

图 6-7

修改菜单权限接口文档信息如下。

请求 URL：admin/rule/:id

请求方式：POST

请求参数：与新增菜单权限 API 的参数一致

返回示例：

```
{
    "msg": "ok",
    "data": true
}
```

修改菜单权限功能的实现步骤如下。

（1）打开 api 目录下的 rules.js 模块，根据接口文档定义发送请求 API 的方法，示例代码如下。

```
//编辑 API
export const editRulesFn=(id,data)=>{
    return request({
        url:'admin/rule/${id}',
        method:'POST',
        data
    })
}
```

（2）单击“编辑”按钮，弹出对话框，并初始化数据，示例代码如下。

```
//初始化编辑数据
const editRules = (row) => {
    //修改对话框的标题
```

```
    titleValue.value = '编辑'
    //保存编辑菜单权限 ID
    rulesId.value = row.id
    //数据初始化
    formData.rule_id = row.rule_id
    formData.menu = row.menu
    formData.name = row.name
    formData.condition = row.condition
    formData.method = row.method
    formData.status = row.status
    formData.order = row.order
    formData.icon = row.icon
    formData.frontpath = row.frontpath
    //打开对话框
    dialogVisibleAddRules.value = true
}
```

（3）单击对话框中的“确定”按钮，调用 API 实现编辑功能，示例代码如下。

```
const addRulesOk = async () => {
    if (titleValue.value == '新增') {
        //...
    } else if (titleValue.value == '编辑') {
        const res = await editRulesFn(rulesId.value, formData)
        if (res.msg && res.msg !== 'ok') {
            return ElMessage.error(res.msg)
        }
        dialogVisibleAddRules.value = false
        getRulesList()
    }
}
```

6.14　修改菜单启用状态

本节将实现修改菜单启用状态功能，通过 Element Plus 提供的 switch 开关实现启用或关闭状态，接口文档信息如下。

请求 URL：admin/rule/:id/update_status

请求方式：POST

请求参数：

参 数 名	是 否 必 选	类　型	说　明
id	是	Number	菜单 ID
status	是	Number	1 表示启用，0 表示关闭

返回示例：

```
{
   "msg": "ok",
   "data": true
}
```

修改菜单启用状态的实现步骤如下。

（1）打开 api 目录下的 rules.js 模块，根据接口文档定义发送请求 API 的方法，示例代码如下。

```
export const editStatusFn=(id,status)=>{
   return request({
      url:'admin/rule/${id}/update_status',
      method:'POST',
      data:{
         status
      }
   })
}
```

（2）为 switch 开关绑定事件并调用 API 方法，视图层代码如下。

```
<el-switch v-model="data.status"
   :inactive-value="0"
   :active-value="1"
   @change="switchChange($event, data)"
   @click.stop=""
 />
```

数据层代码如下。

```
const switchChange = async (e, row) =>
   const res = await editStatusFn(row.id, e)
   if (res.msg && res.msg !== 'ok') {
      if (row.status == 0) {
         row.status = 1
      } else if (row.status == 1) {
         row.status = 0
      }
      ElMessage.error(res.msg)
      return
   }
   ElMessage({
      message: '状态修改成功',
      type: 'success',
   })
}
```

注意：

如果 API 出现调用失败的情况，需要恢复 status 状态。

6.15 删除菜单权限

本节将实现删除菜单权限的功能，接口文档信息如下。

请求 URL：admin/rule/:id/delete

请求方式：POST

请求参数：

参 数 名	是否必选	类 型	说 明
id	是	Number	菜单 ID

返回示例：

```
{
   "msg": "ok",
   "data": true
}
```

删除菜单权限功能的实现步骤如下。

（1）打开 api 目录下的 rules.js 模块，根据接口文档定义发送请求 API 的方法，示例代码如下。

```
export const delRulesFn=(id)=>{
   return request({
      url:'admin/rule/${id}/delete',
      method:'POST'
   })
}
```

（2）单击“删除”按钮，弹出“删除”对话框，并调用删除 API 实现删除操作，视图层代码如下。

```
<el-button type="danger" :icon="Delete" size="small"
@click.stop="delRules(data)"
/>
```

数据层代码如下。

```
//删除
const delRules = async (row) => {
   const isdel = await ElMessageBox.confirm(
      '是否删除?',
```

```
            '删除',
            {
                confirmButtonText: '确定',
                cancelButtonText: '取消',
                type: 'warning',
            }
        ).catch(err => err)
        if (isdel == 'confirm') {
            const res = await delRulesFn(row.id)
            if (res.msg && res.msg !== 'ok') {
                return ElMessage.error(res.msg)
            }
            getRulesList()
        }
    }
```

至此，权限管理中的增、删、改、查操作已全部开发完成。

6.16 角色管理页面样式布局

本节将进入角色管理模块开发，通过角色管理模块实现角色的新增、编辑、删除以及分配权限功能，角色管理页面效果如图 6-8 所示。

图 6-8

接下来实现上述效果的页面布局，在 views 目录下新建 Role.vue 角色管理组件，视图层代码如下。

```
<template>
  <div>
    <el-card>
      <el-button type="primary" size="small" @click="oppenDialog">
        新增
      </el-button>
      <!-- 表格 -->
      <el-table :data="tableData" style="width: 100%" stripe border>
        <el-table-column prop="name" label="角色名称" />
        <el-table-column prop="desc" label="角色描述" />
        <el-table-column label="状态">
          <template #default="scope">
            <div>
              <el-switch
                :active-value="1"
                :inactive-value="0"
                v-model="scope.row.status"
               @change="editStatus($event, scope.row)"
              />
            </div>
          </template>
        </el-table-column>
        <el-table-column label="操作">
          <template #default="scope">
            <div>
              <el-tooltip effect="dark"
                content="分配权限"
                placement="top"
                :enterable="false"
              >
                <el-button type="primary"
                  :icon="Share" size="small"
                />
              </el-tooltip>
              <el-button
                type="warning"
                :icon="Edit"
                size="small"
                @click="editRoles(scope.row)"
              />
              <el-button
                type="danger"
                :icon="Delete"
                size="small"
```

```
                              @click="delRolusById(scope.row.id)"
                           />
                        </div>
                     </template>
                  </el-table-column>
               </el-table>
            </el-card>
         </div>
</template>
```

代码解析：

角色列表采用 Element Plus 提供的 el-table 组件实现，:data 属性用于指定表格数据源，状态列和编辑列采用自定义插槽形式。

CSS 样式代码如下。

```
<style lang='less' scoped>
.el-card {
   margin-top: 20px;
   .el-table {
      margin-top: 20px;
   }
}
</style>
```

6.17 角色管理数据交互

本节将实现角色管理数据交互功能，获取角色列表接口文档信息如下。

请求 URL：admin/role/:page

请求方式：GET

请求参数：

参 数 名	是 否 必 选	类 型	说 明
page	是	Number	分页页码

返回示例：

```
{
   msg: "ok"
   data:{ list: (9) […], totalCount: 9 }
}
```

角色管理数据交互功能的实现步骤如下。

角色管理是一个独立模块，在 api 目录下新建 role.js 模块，用于存储和角色管理相关的 API。

（1）根据接口文档定义发送请求 API 的方法，示例代码如下。

```
//导入 axios
import request from '@/utils/request'
//获取角色列表
export const getRolesListFn = (page) => {
   return request({
      url: 'admin/role/${page}',
      method: 'GET'
   })
}
```

（2）在角色管理页面引用 API 方法并进行调用，数据层代码如下。

```
import { getRolesListFn } from '@/api/role.js'
import { ElMessage } from 'element-plus'
//分页页码
const page = ref(1)
const getRolesList = async () => {
   const res = await getRolesListFn(page.value)
   console.log(res)
   if (res.msg && res.msg !== 'ok') {
      return ElMessage.error(res.msg)
   }
   tableData.value = res.data.list

}
getRolesList()
```

6.18　新增角色

本节将实现新增角色的功能，如图 6-9 所示。

新增角色后端接口文档信息如下。

请求 URL：admin/role

请求方式：POST

请求参数：

参数名	是否必选	类型	说明
name	是	String	角色名称

续表

参数名	是否必选	类型	说明
desc	是	String	角色描述
status	是	Number	角色状态

图 6-9

返回示例：

```
{
   msg: "ok"
   data: { name: "测试角色", desc: "描述", status: 1, … }
}
```

新增角色功能的实现步骤如下。

（1）打开 api 目录下的 role.js 模块，根据接口文档定义发送请求的 API 方法，示例代码如下。

```
//新增角色
export const addRolesFn=(data)=>{
   return request({
      url:'admin/role',
      method:'POST',
      data
   })
}
```

（2）在角色管理页面单击“新增”按钮打开对话框进行数据初始化，示例代码如下。

```
//打开“新增角色”对话框
const oppenDialog = () => {
   titleName.value = '新增角色'
   ruleFormRoles.name = ''
   ruleFormRoles.desc = ''
   ruleFormRoles.status = 1
```

```
    dialogVisibleAddRole.value = true
}
```

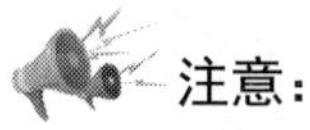

注意：

titleName 是对话框的动态标题。

（3）在视图层实现新增 form 表单布局，示例代码如下。

```
<el-dialog
    v-model="dialogVisibleAddRole"
    :title="titleName" width="40%" @close="colseDialog"
>
        <el-form
            ref="ruleFormRefRoles"
            :model="ruleFormRoles"
            :rules="rulesRoles" label-width="80px" status-icon
        >
            <el-form-item label="角色名称" prop="name">
                <el-input v-model="ruleFormRoles.name" />
            </el-form-item>
            <el-form-item label="角色描述" prop="desc">
                <el-input v-model="ruleFormRoles.desc"
                    :rows="2" type="textarea"
                />
            </el-form-item>
            <el-form-item label="状态">
                <el-switch v-model="ruleFormRoles.status"
                    :active-value="1" :inactive-value="0"
                    @change="chahgeStatus"
                />
            </el-form-item>
        </el-form>
        <template #footer>
            <span class="dialog-footer">
                <el-button @click="dialogVisibleAddRole = false">
                    取消
                </el-button>
                <el-button type="primary" @click="addRoleOk">
                    确定
                </el-button>
            </span>
        </template>
    </el-dialog>
```

代码解析：

dialogVisibleAddRole 属性用于控制对话框的显示与隐藏。colseDialog 事件是关闭对话框之后的回调。

在 form 表单中，通过 ruleFormRefRoles 属性获取表单 DOM 元素，通过 ruleFormRoles 属性指定 form 表单的数据源对象，通过 rulesRoles 属性指定验证规则对象。

（4）在数据层定义 form 表单所用到的数据，数据层代码如下。

```
//控制对话框的显示和隐藏
const dialogVisibleAddRole = ref(false)
//对话框标题
const titleName = ref('')
//获取 form 表单的 DOM 元素
const ruleFormRefRoles = ref(null)
//form 表单的数据源对象
const ruleFormRoles = reactive({
    name: '',
    desc: '',
    status: 1
})
//验证规则对象
const rulesRoles = reactive({
    name: [
        { required: true, message: '请输入角色名称', trigger: 'blur' }
    ],
    desc: [
        { required: true, message: '请输入角色描述', trigger: 'blur' }
    ]
})
```

（5）单击“确定”按钮调用 API 方法，实现新增功能，示例代码如下。

```
import { addRolesFn } from '@/api/role.js'
const addRoleOk = async () => {
    if (titleName.value == '新增角色') {
        const res = await addRolesFn(ruleFormRoles)
        console.log(res)
        if (res.msg && res.msg !== 'ok') {
            return ElMessage.error(res.msg)
        }
        dialogVisibleAddRole.value = false
        getRolesList()
    } else if (titleName.value == '编辑角色') {
        //...
    }
}
```

（6）关闭对话框，重置表单数据，示例代码如下。

```
const colseDialog = () => {
```

```
    ruleFormRefRoles.value.resetFields()
}
```

通过上述步骤即可实现新增角色的功能。

6.19　根据角色 ID 编辑角色

本节将实现根据角色 ID 编辑角色的功能，如图 6-10 所示。

图 6-10

编辑角色后端接口文档信息如下。

请求 URL：admin/role/:id

请求方式：POST

请求参数：

参 数 名	是 否 必 选	类　型	说　明
id	是	Number	角色 ID（URL 参数）
name	是	String	角色名称
desc	是	String	角色描述
status	是	Number	角色状态

返回示例：

```
{
    "msg": "ok",
    "data": true
}
```

编辑角色功能的实现步骤如下。

（1）打开 api 目录下的 role.js 模块，根据接口文档定义发送请求 API 的方法，示例代码如下。

```
//根据角色 ID 编辑角色信息
export const editRolesFn=(id,data)=>{
   return request({
      url:'admin/role/${id}',
      method:'POST',
      data
   })
}
```

（2）在角色管理页面单击“编辑”按钮，弹出对话框，进行数据初始化，视图层代码如下。

```
<el-table-column label="操作">
     <template #default="scope">
          <div>
               <el-button type="warning" :icon="Edit" size="small"
                   @click="editRoles(scope.row)"
               />
          </div>
     </template>
</el-table-column>
```

数据层代码如下。

```
//打开“编辑角色”对话框并初始化数据
const editRoles = (row) => {
   titleName.value = '编辑角色'
   ruleFormRoles.name = row.name
   ruleFormRoles.desc = row.desc
   ruleFormRoles.status = row.status
   roleId.value = row.id
   dialogVisibleAddRole.value = true
}
```

（3）单击“编辑角色”对话框中的“确定”按钮，调用 API 实现编辑功能，示例代码如下。

```
import { editRolesFn } from '@/api/role.js'
const addRoleOk = async () => {
   if (titleName.value == '新增角色') {
      //...
   } else if (titleName.value == '编辑角色') {
      const res = await editRolesFn(roleId.value, ruleFormRoles)
      if (res.msg && res.msg !== 'ok') {
         return ElMessage.error(res.msg)
      }
      dialogVisibleAddRole.value = false
```

```
        getRolesList()
    }
}
```

6.20　根据角色 ID 删除角色

本节将实现根据角色 ID 删除角色的功能，删除角色后端接口文档信息如下。

请求 URL：admin/role/:id/delete

请求方式：POST

请求参数：

参 数 名	是 否 必 选	类　型	说　明
id	是	Number	角色 ID

返回示例：

```
{
    "msg": "ok"
    "data": true
}
```

删除角色功能的实现步骤如下。

（1）打开 api 目录下的 role.js 模块，根据接口文档定义发送请求 API 的方法，示例代码如下。

```
//根据 ID 删除角色
export const delRolesFn=(id)=>{
    return request({
        url:'admin/role/${id}/delete',
        method:'POST'
    })
}
```

（2）在角色管理页面为“删除”按钮绑定事件并调用删除 API，示例代码如下。

```
import { delRolesFn } from '@/api/role.js'
const delRolusById = async (id) => {
    const isDel = await ElMessageBox.confirm(
        '是否删除?',
        '删除',
        {
            confirmButtonText: '确定',
            cancelButtonText: '取消',
```

```
        type: 'warning',
      }
    ).catch(err => err)
    console.log(isDel)
    if (isDel !== 'confirm') {
      return
    }
    const res = await delRolesFn(id)
    if (res.msg && res.msg !== 'ok') {
      return ElMessage.error(res.msg)
    }
    ElMessage({
      message: '删除成功',
      type: 'success',
    })
    dialogVisibleAddRole.value = false
    getRolesList()
}
```

注意：

单击角色管理中的“删除”按钮，首先调用 Element Plus 提供的 ElMessageBox 组件，弹出“删除”对话框，单击“确定”按钮后再调用删除 API。

6.21 根据角色 ID 修改角色启用状态

本节将实现根据角色 ID 修改角色启用状态的功能，后端接口文档信息如下。

请求 URL：admin/role/:id/update_status

请求方式：POST

请求参数：

参数名	是否必选	类型	说明
id	是	Number	角色 ID（URL 参数）
status	是	Number	角色状态

返回示例：

```
{
    "msg": "ok",
    "data": true
}
```

修改角色启用状态的实现步骤如下。

（1）打开 api 目录下的 role.js 模块，根据接口文档定义发送请求 API 的方法，示例代码如下。

```
//修改角色启用状态
export const editStatusFn=(id,status)=>{
    return request({
        url:'admin/role/${id}/update_status',
        method:'POST',
        data:{
            status
        }
    })
}
```

（2）在角色管理页面为 el-switch 组件绑定事件，并调用修改角色启用状态 API，视图层示例代码如下。

```
<el-table-column label="状态">
    <template #default="scope">
        <div>
            <el-switch :active-value="1" :inactive-value="0"
                v-model="scope.row.status"
                @change="editStatus($event, scope.row)"
            />
        </div>
    </template>
</el-table-column>
```

数据层示例代码如下。

```
import { editStatusFn } from '@/api/role.js'
//修改状态
const editStatus = async (e, row) => {
    const res = await editStatusFn(row.id, e)
    if (res.msg && res.msg !== 'ok') {
        if (row.status == 1) {
            row.status = 0
        }
        if (row.status == 0) {
            row.status = 1
        }
        ElMessage.error(res.msg)
        return
    }
    ElMessage({
        message: '状态修改成功',
```

```
        type: 'success',
    })
}
```

6.22 分配权限

本节将实现角色管理中的分配权限功能，如图 6-11 所示。

图 6-11

分配权限后端接口文档信息如下。

请求 URL：admin/role/set_rules

请求方式：POST

请求参数：

参 数 名	是否必选	类 型	说 明
id	是	Number	角色 ID
rule_ids	是	Array	数组，权限 ID

返回示例：

```
{
    "msg": "ok",
    "data": true
}
```

分配权限功能的实现步骤如下。

（1）打开 api 目录下的 role.js 模块，根据接口文档定义发送请求 API 的方法，示例代码如下。

```
//分配权限
export const setRolesFn=(id,rule_ids)=>{
    return request({
        url:'admin/role/set_rules',
        method:'POST',
        data:{
            id,
            rule_ids
        }
    })
}
```

（2）在角色管理页面获取 tree 树形控件数据源对象展示权限列表，数据层示例代码如下。

```
import { getRulesListFn } from '@/api/rules.js'
//权限列表数据源
const rolesDtaList = ref([])
//设置默认展开一级节点
const defaultRoles = ref([])
getRulesListFn().then(res => {
    rolesDtaList.value = res.data.list
    //循环遍历数组，获取默认展开值
    defaultRoles.value = res.data.list.map(item => {
        //默认展开一级节点
        return item.id
    })
})
```

注意：

获取权限列表数据源的方法可在 api/rules.js 模块中。

（3）单击“分配权限”按钮弹出对话框展示权限列表，设置默认展开一级节点及默认选中的选项，视图层代码如下。

```
<!--“分配权限”对话框 -->
<el-dialog v-model="dialogVisibleSetRole"
    title="分配权限" width="30%"
>
    <el-tree-v2 ref="treeRef" node-key="id"
        :props="propsSetRole"
        :data="rolesDtaList"
        :default-expanded-keys="defaultRoles"
        show-checkbox :height="360"
```

```
        @check="treeCheck"
        :check-strictly="checkStrictly">
        <template #default="{ node, data }">
            <span>
                <el-tag v-if="data.menu == 1">菜单</el-tag>
                <el-tag type="success" v-if="data.menu == 0">权限</el-tag>
                {{data.name }}
            </span>
        </template>
    </el-tree-v2>
    <template #footer>
        <span class="dialog-footer">
            <el-button @click="dialogVisibleSetRole = false">
                取消
            </el-button>
            <el-button type="primary" @click="setRoleOk">
                确定
            </el-button>
        </span>
    </template>
</el-dialog>
```

代码解析：

在 tree 树形控件中，:default-expanded-keys 用于设置默认展开一级节点，show-checkbox 用于设置启用复选框，:data 用于设置权限列表数据源，:props 是树形控件配置对象，@check 用于设置选择权限事件。

数据层示例代码如下。

```
//分配权限对话框默认为关闭状态
const dialogVisibleSetRole = ref(false)
//选中的权限 ID 数组
const defaultId = ref([])
//树形控件配置对象
const propsSetRole = reactive({
    value: 'id',
    label: 'name',
    children: 'child',
})
//获取 tree 树形控件 DOM 元素
const treeRef = ref(null)
//打开“分配权限”对话框
const oppenSetRoleDialog = (row) => {
    //row 是当前角色信息
    //当前角色 ID
    roleId.value = row.id
```

```
    //默认选中数组
    defaultId.value = row.rules.map(item => {
        return item.id
    })
    //设置树形控件，默认选中
    setTimeout(() => {
        treeRef.value.setCheckedKeys(defaultId.value)
    }, 100)
    //打开对话框
    dialogVisibleSetRole.value = true
}
```

（4）为 tree 树形控件绑定 Check 事件，实时获取选中的权限数组，示例代码如下。

```
//选择权限
const treeCheck = (...e) => {
    console.log(e)
    const { checkedKeys, halfCheckedKeys } = e[1]
    defaultId.value = [...checkedKeys, ...halfCheckedKeys]
}
```

代码解析：

将选中状态和半选中状态的权限 ID 拼接成新数组，并将其赋值给 defaultId.value。

（5）单击对话框中的“确定”按钮，调用分配权限 API，示例代码如下。

```
const setRoleOk = async () => {
    const res = await setRolesFn(roleId.value, defaultId.value)
    if (res.msg && res.msg !== 'ok') {
        return
    }
    dialogVisibleSetRole.value = false
    getRolesList()
}
```

（6）处理复选框父子关系。

tree 树形控件中默认有 check-strictly 属性，作用是严格遵循父子互相关联，即只要选中父级节点，那么所有的子节点也会默认被选中，这不是我们想要的效果。接下来为 tree 树形控件绑定 check-strictly 属性，视图层代码如下。

```
<el-tree-v2 :check-strictly="checkStrictly"></el-tree-v2>
```

数据层代码如下。

```
//false 表示严格遵循父子互相关联，是 tree 树形控件的默认值
const checkStrictly = ref(false)
//打开“分配权限”对话框
const oppenSetRoleDialog = (row) => {
```

```
    //获取展开数据之前，设置不遵循父子互相关联
    checkStrictly.value = true
    //...
    //设置树形控件，默认选中
    setTimeout(() => {
        treeRef.value.setCheckedKeys(defaultId.value)
        //设置默认选中之后，将其重新设置成遵循父子互相关联
        checkStrictly.value = false
    }, 100)
     //打开对话框
     dialogVisibleSetRole.value = true
}
```

代码解析：

打开“分配权限”对话框，在获取要展开的一级节点数据之前将 tree 树形控件设置成不遵循父子互相关联，设置完默认选中权限之后将 tree 树形控件重新设置成遵循父子互相关联。

第 7 章

用户管理

本章将介绍如何开发一个用户管理模块，以便管理员可以管理和维护网站的用户账号、会员等级等信息。使用用户管理模块可实现用户的增、删、改、查操作。

7.1　用户管理页面布局

本节将实现用户管理页面布局功能，如图 7-1 所示。

图 7-1

在 views 目录下新建 User.vue 用户管理页面，使用 Element Plus 进行页面布局，视图层代码如下。

```
<template>
  <div>
    <el-card>
      <el-row>
        <el-col :span="9">
          <el-input v-model="queryData.keyword" clearable
            @clear="getUserList">
            <template #prepend>
              <el-select v-model="queryData.user_level_id"
                placeholder="请选择会员等级" clearable
              >
                <el-option v-for="item in levelList"
                  :key="item.id"
                  :label="item.name" :value="item.id"
                  />

              </el-select>
            </template>
            <template #append>
              <el-button :icon="Search"
                @click="getUserList"
              />
            </template>
          </el-input>
        </el-col>
      </el-row>
      <el-row style="margin-top:20px;">
        <el-col :span="4">
          <el-button type="primary" @click="openDialog">
            新增用户
          </el-button>
        </el-col>
      </el-row>
      <el-table :data="tableData" style="width: 100%" border stripe>
        <el-table-column prop="date" label="用户">
          <template #default="scope">
            <div class="avatar">
              <el-avatar :size="50"
                :src="scope.row.avatar" />
              <span>{{ scope.row.username }}</span>
            </div>
          </template>
        </el-table-column>
```

```
            <el-table-column prop="user_level.name"
              label="会员等级" />
            <el-table-column prop="create_time" label="注册时间" />
            <el-table-column prop="date" label="状态">
                <template #default="scope">
                    <div>
                        <el-switch v-model="scope.row.status"
                            :active-value="1" :inactive-value="0"
                            @change="changeHandle(scope.row)" />
                    </div>
                </template>
            </el-table-column>
            <el-table-column prop="date" label="操作">
                <template #default="scope">
                    <div>
                        <el-button type="primary" :icon="Edit" />
                        <el-button type="primary" :icon="Delete" />
                    </div>
                </template>
            </el-table-column>
        </el-table>
    </el-card>
  </div>
</template>
```

CSS 样式代码如下。

```
<style lang='less' scoped>
.el-card {
    margin-top: 20px;

    .el-table {
        margin-top: 20px;
    }
    .avatar {
        display: flex;
        align-items: center;
        .el-avatar {
            margin-right: 15px;
        }
    }
}
</style>
```

通过上述代码即可实现用户管理页面布局功能。

7.2 用户列表前后端数据交互

本节将实现用户列表前后端数据交互功能，后端接口文档信息如下。

请求 URL：admin/user/:page

请求方式：GET

请求参数：

参 数 名	是 否 必 选	类 型	说 明
limit	否	Number	分页条数
keyword	否	String	搜索关键字
user_level_id	否	Number	会员等级

返回示例：

```
{
  msg: "ok"
   data: { list: (10) […], totalCount: 17, user_level: (5) […] }
}
```

用户列表前后端数据交互功能的实现步骤如下。

（1）在 api 目录下新建 user.js 模块，用于存储和用户管理相关的 API，根据接口文档定义发送请求 API 的方法，示例代码如下。

```
//导入 axios
import request from '@/utils/request'
//获取用户列表
export const getUserListFn=(page,params)=>{
   return request({
      url:'admin/user/${page}',
      method:'GET',
      params
   })
}
```

（2）在用户管理页面引用 API 方法并定义 table 表格数据源，示例代码如下。

```
import { getUserListFn } from '@/api/user.js'
import { ref } from 'vue'
//当前页码
const page = ref(1)
const tableData = ref([])
//查询参数
const queryData = reactive({
```

```
    limit: 10,
    keyword: '',
    //会员等级 ID
    user_level_id: null
})
//会员等级分类
const levelList = ref([])
```

（3）调用 API 方法，实现前后端数据交互功能，示例代码如下。

```
//获取用户列表
const getUserList = async () => {
    const res = await getUserListFn(page.value, queryData)
    console.log(res)
    if (res.msg && res.msg !== 'ok') {
        return ElMessage.error(res.msg)
    }
    tableData.value = res.data.list
    levelList.value = res.data.user_level
}
getUserList()
```

代码解析：

后端返回的 res.data.list 是要渲染的用户数据，res.data.user_level 是会员等级分类，通过上述步骤即可实现用户列表前后端数据交互功能。

7.3　新 增 用 户

本节将实现新增用户的功能，如图 7-2 所示。

新增用户后端接口文档信息如下。

请求 URL：admin/user

请求方式：GET

请求参数：

参 数 名	是 否 必 选	类　型	说　明
username	是	String	用户名
password	是	String	密码
user_level_id	是	Number	会员等级
nickname	是	String	昵称
phone	是	String	电话
email	是	String	邮箱
avatar	是	String	头像
status	是	Number	启用状态（0,1）

图 7-2

返回示例：

```
{
    msg: "ok"
    data: Object { username: "新增测试",  … }
}
```

新增用户功能的实现步骤如下。

（1）打开 api 目录下的 user.js 模块，根据接口文档定义发送请求 API 的方法，示例代码如下。

```
export const addUserFn=(data)=>{
    return request({
        url:'admin/user',
        method:'POST',
        data
    })
}
```

（2）定义对话框并实现页面布局，示例代码如下。

```
<el-dialog v-model="dialogVisible" :title="Tips" width="40%">
        <el-form :model="formData" label-width="120px">
            <el-form-item label="用户名">
                <el-input v-model="formData.username" />
            </el-form-item>
            <el-form-item label="密码" v-if="Tips == '新增'">
```

```
            <el-input v-model="formData.password" />
        </el-form-item>
        <el-form-item label="会员等级">
            <el-select v-model="formData.user_level_id"
                placeholder="请选择会员等级"
            >
                <el-option v-for="item in levelList"
                    :key="item.id" :label="item.name"
                    :value="item.id"
                />
            </el-select>
        </el-form-item>
        <el-form-item label="昵称">
            <el-input v-model="formData.nickname" />
        </el-form-item>
        <el-form-item label="电话">
            <el-input v-model="formData.phone" />
        </el-form-item>
        <el-form-item label="邮箱">
            <el-input v-model="formData.email" />
        </el-form-item>
        <el-form-item label="头像">
            <SelectImg v-model="formData.avatar"></SelectImg>
        </el-form-item>
        <el-form-item label="启用状态">
            <el-switch v-model="formData.status"
                :active-value="1" :inactive-value="0"
            />
        </el-form-item>
    </el-form>
    <template #footer>
        <span class="dialog-footer">
            <el-button @click="dialogVisible = false">取消</el-button>
            <el-button type="primary" @click="submitOK">
                确定
            </el-button>
        </span>
    </template>
</el-dialog>
```

（3）定义对话框的数据源，示例代码如下。

```
import { ElMessage, ElMessageBox } from 'element-plus'
import SelectImg from '@/components/SelectImg.vue'
import { addUserFn } from '@/api/user.js'
import { ref, reactive } from 'vue'
//默认关闭对话框
```

```
const dialogVisible = ref(false)
//对话框显示标题
const Tips = ref('')
//用户 ID
const userId = ref(0)
//form 表单数据源
const formData = reactive({
   username: '',
   password: '',
   user_level_id: null,
   nickname: '',
   phone: '',
   email: '',
   avatar: '',
   status: 1
})
```

（4）打开对话框，视图层代码如下。

```
<el-button type="primary" @click="openDialog">新增用户</el-button>
```

数据层代码如下。

```
const openDialog = () => {
   Tips.value = '新增'
   formData.username = ''
   formData.user_level_id = null
   formData.nickname = ''
   formData.phone = null
   formData.email = ''
   formData.avatar = ''
   formData.status = 1
   dialogVisible.value = true
}
```

（5）单击对话框中的“确定”按钮，实现新增功能，示例代码如下。

```
const submitOK = async () => {
   if (Tips.value == '新增') {
      const res = await addUserFn(formData)
      if (res.msg && res.msg !== 'ok') {
         return ElMessage.error(res.msg)
      }
      dialogVisible.value = false
      ElMessage({
         message: '新增成功',
         type: 'success',
      })
      getUserList()
```

```
  }
  if (Tips.value == '编辑') {
    //...
  }
}
```

7.4 修改用户

本节将实现修改用户的功能，后端接口文档信息如下。

请求 URL：admin/user/:id

请求方式：POST

请求参数：

参 数 名	是否必选	类　型	说　明
username	是	String	用户名
password	是	String	密码
user_level_id	是	Number	会员等级
nickname	是	String	昵称
phone	是	String	电话
email	是	String	邮箱
avatar	是	String	头像
status	是	Number	启用状态（0,1）

返回示例：

```
{
    "msg": "ok",
    "data": true
}
```

修改用户功能的实现步骤如下。

（1）打开 api 目录下的 user.js 模块，根据接口文档定义发送请求 API 的方法，示例代码如下。

```
export const editUserFn=(id,data)=>{
   return request({
      url:'admin/user/${id}',
      method:'POST',
      data
   })
}
```

（2）单击“编辑”按钮，弹出对话框，进行数据初始化，视图层代码如下。

```
<el-table-column prop="date" label="操作">
    <template #default="scope">
        <div>
            <el-button type="primary" :icon="Edit"
            @click="openDialogEdit(scope.row)"
            />
        </div>
    </template>
</el-table-column>
```

数据层代码如下。

```
const openDialogEdit = (row) => {
   userId.value = row.id
   Tips.value = '编辑'
   formData.username = row.username
   formData.user_level_id = row.user_level_id
   formData.nickname = row.nickname
   formData.phone = row.phone
   formData.email = row.email
   formData.avatar = row.avatar
   formData.status = row.status
   dialogVisible.value = true
}
```

（3）单击对话框中的“确定”按钮，调用 API 实现编辑操作，示例代码如下。

```
const submitOK = async () => {
   if (Tips.value == '新增') {
      //...
   }
   if (Tips.value == '编辑') {
      const res = await editUserFn(userId.value, formData)
      if (res.msg && res.msg !== 'ok') {
         return ElMessage.error(res.msg)
      }
      dialogVisible.value = false
      ElMessage({
         message: '编辑成功',
         type: 'success',
      })
      getUserList()
   }
}
```

通过上述 3 个步骤即可实现修改用户功能。

7.5 删除用户

本节将实现删除用户的功能，后端接口文档信息如下。

请求 URL：admin/user/:id/delete

请求方式：POST

请求参数：

参 数 名	是否必选	类　型	说　明
id	是	Number	用户 ID

返回示例：

```
{
   "msg": "ok",
   "data": true
}
```

删除用户功能的实现步骤如下。

（1）打开 api 目录下的 user.js 模块，根据接口文档定义发送请求 API 的方法，示例代码如下。

```
export const delUserFn=(id)=>{
   return request({
       url:'admin/user/${id}/delete',
       method:'POST'
   })
}
```

（2）单击用户管理页面中的“删除”按钮，弹出“删除”对话框，视图层代码如下。

```
<el-table-column prop="date" label="操作">
    <template #default="scope">
        <div>
            <el-button type="primary" :icon="Delete"
              @click="delUser(scope.row.id)"
            />
        </div>
    </template>
</el-table-column>
```

数据层代码如下。

```
import { delUserFn } from '@/api/user.js'
const delUser = async (id) => {
```

```
    const isdel = await ElMessageBox.confirm(
        '是否删除?',
        '删除',
        {
            confirmButtonText: '确定',
            cancelButtonText: '取消',
            type: 'warning',
        }
    ).catch(err => err)
    if (isdel !== 'confirm') {
        return
    }
    //...
}
```

（3）单击“确定”按钮，调用删除 API 方法，实现删除功能，示例代码如下。

```
//删除
const delUser = async (id) => {
    //...
    const res = await delUserFn(id)
    if (res.msg && res.msg !== 'ok') {
        return ElMessage.error(res.msg)
    }
    ElMessage({
        message: '删除成功',
        type: 'success',
    })
    getUserList()
}
```

7.6 搜索用户

本节将实现搜索用户的功能，可根据会员等级和关键字搜索用户，如图 7-3 所示。

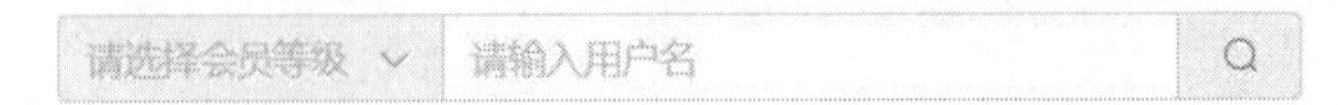

图 7-3

注意：

搜索功能 API 和获取用户列表 API 一致。

搜索用户功能的实现步骤如下。

（1）调用 Element Plus 组件，实现页面布局，示例代码如下。

```
<el-input v-model="queryData.keyword" placeholder="请输入用户名" >
  <template #prepend>
    <el-select v-model="queryData.user_level_id"
      placeholder="请选择会员等级"
    >
      <el-option />
    </el-select>
  </template>
  <template #append>
    <el-button :icon="Search" />
  </template>
</el-input>
```

（2）将会员等级数据循环遍历到 el-option 组件，示例代码如下。

```
<el-option
v-for="item in levelList" :key="item.id"
:label="item.name"
:value="item.id"
/>
```

（3）单击“确定”按钮或文本框中的“清除”按钮重新调用获取用户数据的方法，示例代码如下。

```
<el-input  clearable @clear="getUserList">
<el-button :icon="Search" @click="getUserList" />
```

通过上述 3 个步骤即可实现搜索用户的功能。

第 8 章

商品管理

本章将介绍如何开发一个商品管理模块，以便管理员可以管理和维护商城中的商品信息。通过对本章内容的学习，读者可了解在实际项目中如何处理商品信息的逻辑和流程，如商品上架、下架，设置分类，设置商品规格，商品回收站等功能。

8.1　商品规格管理页面样式布局

本节将实现商品规格管理页面样式布局，如图 8-1 所示。

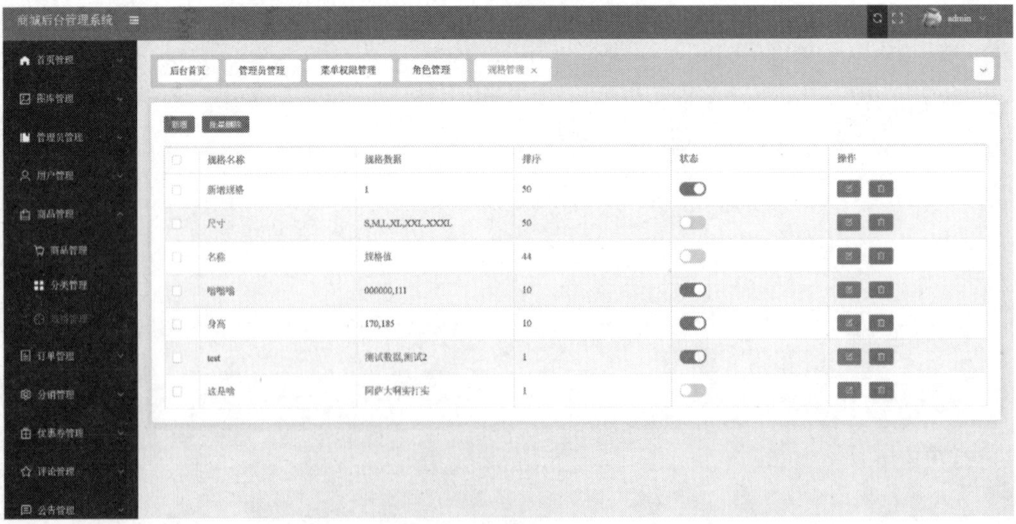

图 8-1

在 views 目录下新建 Skus.vue 规格管理页面，视图层代码如下。

```
<el-card>
  <el-button type="primary" size="small" @click="oppenDialog">
    新增
  </el-button>
  <el-button type="danger" size="small" @click="delSkuAll">
    批量删除
  </el-button>
  <!-- 表格 -->
  <el-table :data="skusList" style="width: 100%" stripe border
    @selection-change="handleSelectionChange"
  >
    <el-table-column type="selection" width="55" />
    <el-table-column prop="name" label="规格名称" />
    <el-table-column prop="default" label="规格数据" />
    <el-table-column prop="order" label="排序" />
    <el-table-column label="状态">
      <template #default="scope">
        <div>
          <el-switch
            v-model="scope.row.status"
            :active-value="1" :inactive-value="0"
            @change="editStatus1(scope.row)"
          />
        </div>
      </template>
    </el-table-column>
    <el-table-column prop="desc" label="操作">
      <template #default="scope">
        <div>
          <el-button
            type="primary"
            :icon="Edit"
            size="small"
            @click="editSku(scope.row)"
          />
          <el-button
            type="danger"
            :icon="Delete"
            size="small"
            @click="delSku(scope.row.id)"
          />
        </div>
      </template>
    </el-table-column>
```

```
   </el-table>
</el-card>
```

代码解析：

商品规格列表使用 el-table 渲染，通过:data 属性指定表格数据源，通过@selection-change 事件获取选中项。

CSS 样式代码如下。

```
<style lang='less' scoped>
.el-card {
   margin-top: 20px;
   .el-table {
      margin-top: 20px;
   }
}
</style>
```

通过上述样式代码即可实现商品规格管理页面布局。

8.2 商品规格管理数据交互

本节将实现商品规格管理数据交互功能，获取服务器返回的规格数据并渲染到 el-table 组件，获取商品规格数据后端接口文档信息如下。

请求 URL：admin/skus/:page

请求方式：POST

请求参数：

参 数 名	是 否 必 选	类　　型	说　　明
page	是	Number	分页页码

返回示例：

```
{
   msg: "ok"
   data:{ list: (6) […], totalCount: 16 }
}
```

商品规格管理数据交互功能的实现步骤如下。

（1）在 api 目录下新建 skus.js 模块，用于存储和商品规格相关的 API，根据接口文档定义发送请求 API 的方法，示例代码如下。

```
//导入 axios
import request from '@/utils/request'
```

```
//获取规格列表
export const getSkusFn=(page)=>{
   return request({
      url:'admin/skus/${page}',
      method:'GET'
   })
}
```

（2）打开 Skus.vue 规格管理页面，在数据层定义数据并调用 API，示例代码如下。

```
import { getSkusFn } from '@/api/skus.js'
//默认规格列表
const skusList = ref([])
//定义获取规格列表的方法
const getSkusList = async () => {
   const res = await getSkusFn(1)
   console.log(res)
   if (res.msg && res.msg !== 'ok') {
      return
   }
   skusList.value = res.data.list
}
getSkusList()
```

8.3　新增商品规格

本节将实现新增商品规格的功能，如图 8-2 所示。

图 8-2

新增商品规格后端接口文档信息如下。

请求 URL：admin/skus

请求方式：POST

请求参数：

参 数 名	是 否 必 选	类 型	说 明
name	是	String	规格名称
default	是	String	规格数据（用逗号分隔）
order	是	Number	排序
status	是	Number	是否启用

返回示例：

```
{
   msg: "ok"
   data: { name: "test", default: "测试数据", order: 1, … }
}
```

新增商品规格功能的实现步骤如下。

（1）打开 api 目录下的 skus.js 模块，根据接口文档定义发送请求 API 的方法，示例代码如下。

```
//新增商品规格
export const addSkusFn=(data)=>{
   return request({
      url:'admin/skus',
      method:'POST',
      data
   })
}
```

（2）打开 Skus.vue 规格管理页面，在数据层定义表单数据源，示例代码如下。

```
//对话框状态，默认为关闭
const dialogVisibleAddSku = ref(false)
//对话框标题
const TipsTitle = ref('')
//获取 form 表单 DOM 元素
const ruleFormRefAddSku = ref(null)
//表单数据源对象
const ruleFormAddSku = reactive({
   name: '',
   default: '',
   order: 0,
   status: 1
})
//规格 ID
const skuId = ref(0)
//表单验证规则对象
```

```
const rulesAddSku = reactive({
   name: [
      { required: true, message: '请输入规格名称', trigger: 'blur' }
   ],
   default: [
      { required: true, message: '请输入规格数据', trigger: 'blur' }
   ]
})
```

（3）在规格管理页面视图层新增对话框并布局 form 表单，示例代码如下。

```
<el-dialog
   v-model="dialogVisibleAddSku" :title="TipsTitle"  width="40%"
   destroy-on-close
   @close="colseDialog"
>
      <el-form  ref="ruleFormRefAddSku" :model="ruleFormAddSku"
         :rules="rulesAddSku" label-width="120px"
      >
         <el-form-item label="规格名称" prop="name">
            <el-input v-model="ruleFormAddSku.name" />
         </el-form-item>
         <el-form-item label="规格数据" prop="default">
            <tagInput v-model="ruleFormAddSku.default"></tagInput>
         </el-form-item>
         <el-form-item label="排序">
            <el-input-number
            v-model="ruleFormAddSku.order" :min="1" :max="1000"
            @change="handleChangeOrder"
            />
         </el-form-item>
         <el-form-item label="状态">
            <el-switch v-model="ruleFormAddSku.status"
            :active-value="1" :inactive-value="0" @change="isStatus"
            />
         </el-form-item>
      </el-form>
      <template #footer>
         <span class="dialog-footer">
            <el-button @click="dialogVisibleAddSku = false">
               取消
            </el-button>
            <el-button type="primary" @click="addSkuOk">
               确定
            </el-button>
         </span>
```

```
    </template>
  </el-dialog>
```

注意：

将规格数据单独抽离成 tagInput 组件。

（4）单击“新增”按钮弹出对话框，进行数据初始化，示例代码如下。

```
//打开新增对话框
const oppenDialog = () => {
   TipsTitle.value = '新增'
   ruleFormAddSku.name = ''
   ruleFormAddSku.default = ''
   ruleFormAddSku.order = 1
   ruleFormAddSku.status = 1
   dialogVisibleAddSku.value = true
}
```

（5）抽离规格数据模块，规格数据采用 Element Plus 提供的动态编辑标签 tag 实现，在 components 目录下新建 TagInput.vue 组件，在视图层复制 Element Plus 代码，示例代码如下。

```
<div>
      <el-tag v-for="tag in dynamicTags" :key="tag"
         closable :disable-transitions="false" @close="handleClose(tag)"
      >
         {{ tag }}
      </el-tag>
      <el-input v-if="inputVisible" ref="InputRef" v-model="inputValue"
         size="small" @keyup.enter="handleInputConfirm"
         @blur="handleInputConfirm"
      />
      <el-button v-else class="button-new-tag ml-1" size="small"
         @click="showInput"
      >
         + 添加
      </el-button>
</div>
```

代码解析：

v-for 循环遍历的 dynamicTags 数组是父组件通过 v-model 指令传递过来的，当前步骤的重点工作是处理父组件传递过来的数据。

TagInput.vue 组件数据层代码如下。

```
import { nextTick, ref, defineProps } from 'vue'
import { ElInput } from 'element-plus'
//接收父组件 v-model 的值
```

```
const props=defineProps({
  modelValue:String
})
const emit=defineEmits(['update:modelValue'])
const inputValue = ref('')
//将接收的父组件字符串转成数组
const dynamicTags = ref(props.modelValue?props.modelValue.split(','):[])
const inputVisible = ref(false)
const InputRef = ref()
const handleClose = (tag) => {
  dynamicTags.value.splice(dynamicTags.value.indexOf(tag), 1)
  //传字符串
  emit('update:modelValue',dynamicTags.value.join(','))
}
const showInput = () => {
  inputVisible.value = true
  nextTick(() => {
    InputRef.value.input.focus()
  })
}
const handleInputConfirm = () => {
  if (inputValue.value) {
    dynamicTags.value.push(inputValue.value)
    //传字符串
    emit('update:modelValue',dynamicTags.value.join(','))
  }
  inputVisible.value = false
  inputValue.value = ''
}
```

代码解析：

上述代码通过 defineProps 接收父组件 v-model 的值，通过 defineEmits 修改父组件 v-model 的值。

由于 v-for 循环遍历的是数组，所以将父组件传递 v-model 的字符串通过 split 方法转换成数组，并赋值给 dynamicTags 数组。

handleInputConfirm 方法向 dynamicTags 数组追加数据，通过 emit 方法传递给父组件。由于父组件只接收字符串，所以可使用 join 方法将数组转换成字符串。

handleClose 方法为 dynamicTags 数组删除数据，通过 emit 方法传递给父组件，同理使用 join 方法将数组转换成字符串。

（6）单击“确定”按钮可调用 API 方法实现新增功能，示例代码如下。

```
const addSkuOk = async () => {
  if (TipsTitle.value == '新增') {
    const res = await addSkusFn(ruleFormAddSku)
```

```
        console.log(res)
        if (res.msg && res.msg !== 'ok') {
            return ElMessage.error(res.msg)
        }
        dialogVisibleAddSku.value = false
        getSkusList()
    } else if (TipsTitle.value == '编辑') {
        //...
    }
}
```

通过上述 6 个步骤即可实现新增商品规格的功能。

8.4 编辑商品规格

本节将实现编辑商品规格的功能，如图 8-3 所示。

图 8-3

编辑商品规格后端接口文档信息如下。

请求 URL：admin/skus/:id

请求方式：POST

请求参数：

参 数 名	是 否 必 选	类　型	说　明
name	是	String	规格名称
default	是	String	规格数据（逗号分隔）
order	是	Number	排序
status	是	Number	是否启用

返回示例：

```
{
   "msg": "ok",
   "data": true
}
```

编辑商品规格功能的实现步骤如下。

（1）打开 api 目录下的 skus.js 模块，根据接口文档定义发送请求 API 的方法，示例代码如下。

```
//编辑商品规格
export const editSkuFn=(id,data)=>{
   return request({
      url:'admin/skus/${id}',
      method:'POST',
      data
   })
}
```

（2）单击“编辑”按钮，弹出“编辑”对话框，并初始化数据，视图层代码如下。

```
<el-table-column prop="desc" label="操作">
   <template #default="scope">
      <div>
         <el-button type="primary" :icon="Edit" size="small"
            @click="editSku(scope.row)"
         />
      </div>
   </template>
</el-table-column>
```

数据层代码如下。

```
const editSku = (row) => {
   TipsTitle.value = '编辑'
   skuId.value = row.id
   ruleFormAddSku.name = row.name
   ruleFormAddSku.default = row.default
   ruleFormAddSku.order = row.order
   ruleFormAddSku.status = row.status
   dialogVisibleAddSku.value = true
}
```

（3）单击“确定”按钮，调用 API 方法实现编辑功能，示例代码如下。

```
const addSkuOk = async () => {
   if (TipsTitle.value == '新增') {
      //...
```

```
  } else if (TipsTitle.value == '编辑') {
      const res = await editSkuFn(skuId.value, ruleFormAddSku)
      console.log(res)
      if (res.msg && res.msg !== 'ok') {
          return ElMessage.error(res.msg)
      }
      dialogVisibleAddSku.value = false
      getSkusList()
  }
}
```

通过上述 3 个步骤即可实现编辑商品规格的功能。

8.5 删除和批量删除商品规格

本节将实现删除和批量删除商品规格的功能，删除和批量删除功能使用同一个后端接口，接口文档信息如下。

请求 URL：admin/skus/delete_all

请求方式：POST

请求参数：

参 数 名	是否必选	类 型	说 明
ids	是	Array	规格 ID 数组

返回示例：

```
{
  "msg": "ok",
  "data": 0
}
```

接下来实现删除单个商品规格的功能，实现步骤如下。

（1）打开 api 目录下的 skus.js 模块，根据接口文档定义发送请求 API 的方法，示例代码如下。

```
export const delSkuFn=(ids)=>{
   return request({
      url:'admin/skus/delete_all',
      method:'POST',
      data:{
          ids
      }
   })
}
```

（2）单击表格中的“删除”按钮，弹出“删除”对话框，单击“确定”按钮调用 API 方法，实现删除单个商品规格操作，视图层示例代码如下。

```
<el-table-column prop="desc" label="操作">
   <template #default="scope">
      <div>
         <el-button type="danger" :icon="Delete" size="small"
            @click="delSku(scope.row.id)"
         />
      </div>
   </template>
</el-table-column>
```

数据层代码如下。

```
const delSku = async (id) => {
   const isdel = await ElMessageBox.confirm(
      '是否删除?',
      '删除',
      {
         confirmButtonText: '确定',
         cancelButtonText: '取消',
         type: 'warning',
      }
   ).catch(err => err)
   console.log(isdel)
   if (isdel !== 'confirm') {
      return
   }
   const res = await delSkuFn([id])
   console.log(res)
   if (res.msg && res.msg !== 'ok') {
      return
   }
   ElMessage({
      message: '删除成功',
      type: 'success',
   })
   getSkusList()
}
```

通过上述两步即可实现删除单个商品规格的功能，本节还需实现批量删除商品规格的功能，批量删除商品规格的功能的实现步骤如下。

（1）为 table 表格绑定@selection-change 事件，并在数据层提取选中的规格 ID。

视图层代码如下。

```
<el-table :data="skusList" @selection-change="handleSelectionChange">
```

```
    <el-table-column type="selection" width="55" />
</el-table>
```

数据层代码如下。

```
//批量删除规格 ID 数组
const skuIds=ref([])
//监听批量选中的数据
const handleSelectionChange=(val)=>{
    skuIds.value=val.map(item=>item.id)
}
```

（2）单击“批量删除”按钮，调用 API 执行删除操作，示例代码如下。

```
//批量删除
const delSkuAll = async () => {
    const isdel = await ElMessageBox.confirm(
        '是否删除选中项?',
        '批量删除',
        {
            confirmButtonText: '确定',
            cancelButtonText: '取消',
            type: 'warning',
        }
    ).catch(err=>err)
    console.log(isdel)
    if(isdel!=='confirm'){
        return
    }
    //执行批量删除
    const res=await delSkuFn(skuIds.value)
    if (res.msg && res.msg !== 'ok') {
        return ElMessage.error(res.msg)
    }
    getSkusList()
    ElMessage({
        message: '批量删除成功',
        type: 'success',
    })
}
```

8.6　商品管理页面样式布局

本节将实现商品管理页面样式布局功能，如图 8-4 所示。

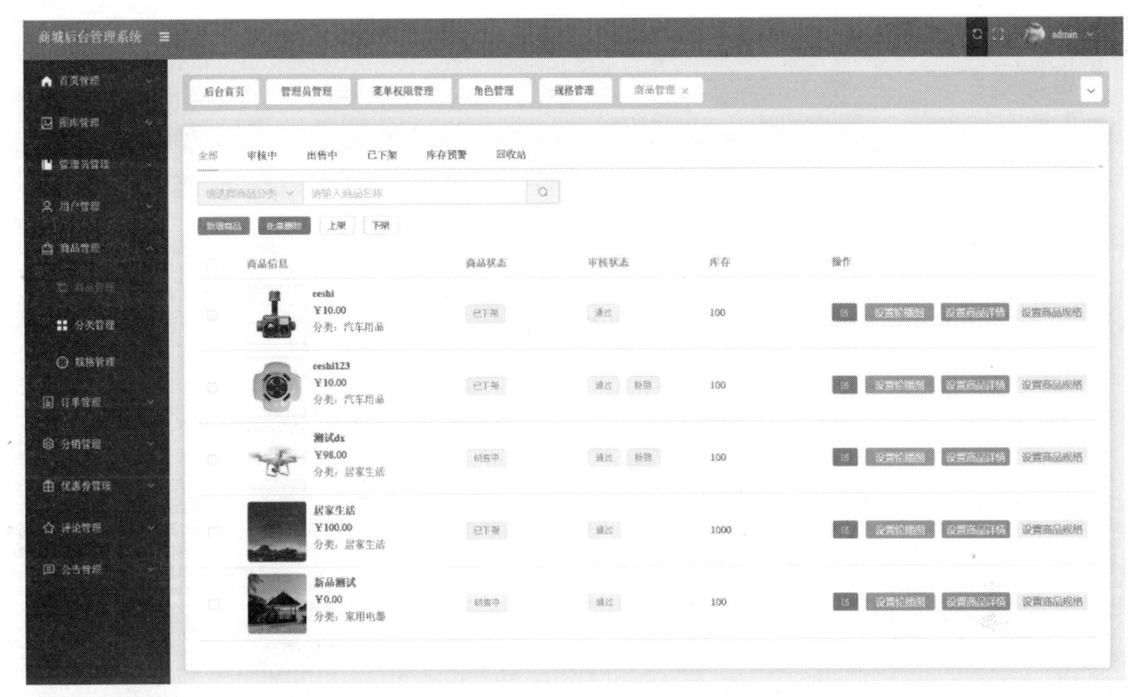

图 8-4

通过 Element Plus 实现上述效果图布局，在 views 目录下新增 GoodsList.vue 商品列表页面，视图层代码如下。

```
<el-card>
    <el-tabs>
        <el-tab-pane label="全部" name="all"></el-tab-pane>
        <el-tab-pane label="审核中" name="checking"></el-tab-pane>
        <el-tab-pane label="出售中" name="saling"></el-tab-pane>
        <el-tab-pane label="已下架" name="off"></el-tab-pane>
        <el-tab-pane label="库存预警" name="min_stock"></el-tab-pane>
        <el-tab-pane label="回收站" name="delete"></el-tab-pane>
    </el-tabs>
    <el-row :gutter="30">
        <el-col :span="10">
            <el-input clearable v-model="queryData.title" >
                <template #prepend>
                    <el-select >
                        <el-option />
                    </el-select>
                </template>
                <template #append>
                    <el-button :icon="Search" />
                </template>
            </el-input>
        </el-col>
```

```
    </el-row>
    <el-row style="margin-top:15px">
      <el-col>
          <el-button type="primary" size="small" >
          新增商品
          </el-button>
          <el-button type="danger" size="small">批量删除</el-button>
          <el-button plain size="small">上架</el-button>
          <el-button plain size="small">下架</el-button>
      </el-col>
     </el-row>
      <el-table :data="tableData" style="width: 100%;margin-bottom:20px">
          <el-table-column label="商品信息">
              <template #default="scope">
                    <div class="goodsTitle">
                      <el-avatar shape="square" fit="cover" :src=" " />
                        <h1></h1>
                        <span style="color:red"></span>
                        <span>分类</span>
                    </div>
               </template>
          </el-table-column>
      <el-table-column label="商品状态">
          <template #default="scope">
              <div>
                  <el-tag type="warning">上架</el-tag>
                  <el-tag type="info" >下架</el-tag>
              </div>
          </template>
      </el-table-column>
      <el-table-column label="审核状态">
          <template #default="scope">
              <div v-if="scope.row.ischeck == 0">
                  <el-tag type="success" >通过</el-tag>
                  <el-tag type="info">拒绝</el-tag>
              </div>
              <div v-else>
                  <el-tag type="success" >通过</el-tag>
                  <el-tag type="info">拒绝</el-tag>
              </div>
          </template>
      </el-table-column>
      <el-table-column prop="stock" label="库存" />
      <el-table-column label="操作">
          <template #default="scope">
                <div>
```

```
                                <el-button type="primary" :icon="Edit"
size="small" />
                            </div>
                            <div v-else>
                                暂无操作
                            </div>
                        </template>
                    </el-table-column>
                </el-table>
            </el-card>
```

代码解析：

商品类型分为全部、审核中、出售中、已下架、库存预警、回收站 6 种，使用 Element Plus 提供的 el-tabs 组件实现。商品列表区域使用 el-table 组件实现。

CSS 样式代码如下。

```
.el-card {
   margin-top: 20px
}
.el-table {
   margin-top: 20px
}
.tag2 {
   margin-right: 10px;
}
.goodsTitle {
   .el-avatar {
      margin-right: 10px;
      float: left;
   }
   h1 {
      font-size: 14px;
      margin: 0;
      padding: 0px
   }
   span {
      display: block;
   }
}
```

8.7　商品管理数据交互

本节将实现商品管理数据交互功能，获取商品数据后端接口文档信息如下。

请求 URL：admin/goods/:page?tab=all&title=null&category_id=null&limit=10

请求方式：GET

请求参数：

参 数 名	是 否 必 选	类 型	说 明
tab	是	String	订单类型
title	是	String	关键词
category_id	是	Number	分类 ID
limit	是	Number	每页显示条数

返回示例：

```
{
    msg: "ok"
    data: { title: "新增测试", category_id: 5, … }
}
```

商品管理数据交互功能的实现步骤如下。

（1）在 api 目录下新建 goods.js 模块，用于存放和商品管理相关的 API，根据上述接口文档定义发送请求 API 的方法，示例代码如下。

```
//导入 axios
import request from '@/utils/request'
//获取商品列表
export const getGoodsListFn=(page,params)=>{
    return request({
        url:'admin/goods/${page}',
        method:'GET',
        params
    })
}
```

（2）定义查询参数，示例代码如下。

```
const tableData = ref([])
const page = ref(1)
//查询参数
const queryData = reactive({
    //订单类型
    tab: 'all',
    //搜索关键字
    title: '',
    //分类 ID
    category_id: null,
    //商品个数
    limit: 10
})
```

（3）调用 API 获取数据，示例代码如下。

```
//获取商品列表
const getGoodsList = async () => {
   const res = await getGoodsListFn(page.value, queryData)
   //console.log(res)
   if (res.msg && res.msg !== 'ok') {
      return ElMessage.error(res.msg)
   }
   tableData.value = res.data.list
}
getGoodsList()
```

将服务器端返回的数据赋值给 tableData，视图层渲染 tableData。

8.8　商品类型切换及商品搜索

本节将实现商品类型切换及商品搜索功能，商品类型分为全部、审核中、出售中、已下架、库存预警、回收站 6 种，使用 el-tabs 组件实现，视图层代码如下。

```
<el-tabs v-model="queryData.tab" @tab-change="getGoodsList">
        <el-tab-pane label="全部" name="all"></el-tab-pane>
        <el-tab-pane label="审核中" name="checking"></el-tab-pane>
        <el-tab-pane label="出售中" name="saling"></el-tab-pane>
        <el-tab-pane label="已下架" name="off"></el-tab-pane>
        <el-tab-pane label="库存预警" name="min_stock"></el-tab-pane>
        <el-tab-pane label="回收站" name="delete"></el-tab-pane>
</el-tabs>
```

代码解析：

在 el-tabs 组件中，使用 v-model 绑定数据源，数据源绑定查询对象中的 tab 属性，当 v-model 的值发生变化时重新调用 getGoodsList 方法获取列表数据。

获取商品分类接口文档信息如下。

请求 URL：admin/category

请求方式：GET

请求参数：无

返回示例：

```
{
   msg: "ok"
   data: Array(10) [ {…}, {…}, {…}, … ]
}
```

接下来实现商品搜索功能，实现步骤如下。

（1）打开 api 目录下的 goods.js 模块，根据获取商品分类接口文档定义发送请求 API 的方法，示例代码如下。

```
//获取商品分类
export const getGoodsCateFn=()=>{
    return request({
        url:'admin/category',
        method:'GET'
    })
}
```

（2）调用 API 方法获取商品分类，示例代码如下。

```
//接收商品分类
const goodsCate = ref([])
//获取商品分类
const getGoodsCate = async () => {
    const res = await getGoodsCateFn()
    console.log(res)
    if (res.msg && res.msg !== 'ok') {
        return ElMessage.error(res)
    }
    goodsCate.value = res.data
}
getGoodsCate()
```

（3）将获取的商品分类渲染到 el-select 下拉菜单组件，示例代码如下。

```
<el-select
v-model="queryData.category_id"
clearable
placeholder="请选择商品分类" style="width: 145px">
     <el-option
       :label="item.name"
       :value="item.id"
       v-for="item in goodsCate"
       :key="item.id"
     />
</el-select>
```

（4）单击“搜索”按钮实现搜索功能，示例代码如下。

```
<el-button :icon="Search" @click="getGoodsList" />
```

注意：

商品关键字搜索通过 v-model 属性绑定查询参数中的 queryData.title 即可。

8.9 新 增 商 品

本节将实现新增商品的功能，如图 8-5 所示。

图 8-5

新增商品后端接口文档信息如下。

请求 URL：admin/goods

请求方式：POST

请求参数：

参 数 名	是 否 必 选	类 型	说 明
title	是	String	商品名称
category_id	是	Number	商品分类 ID
cover	是	String	商品头像
unit	是	String	商品单位
stock	是	Number	商品库存
min_stock	是	Number	库存预警
min_oprice	是	Number	商品原价
min_price	是	Number	获取价格
desc	是	String	商品描述
stock_display	是	Number	是否显示库存
status	是	Number	是否上架

返回示例：

```
{
   msg: "ok"
   data: { title: "新增商品测试", category_id: 5, … }
}
```

新增商品功能的实现步骤如下。

（1）打开 api 目录下的 goods.js 模块，根据接口文档定义发送请求 API 的方法，示例代码如下。

```
export const addGoodsFn=(data)=>{
   return request({
      url:'admin/goods',
      method:'POST',
      data
   })
}
```

（2）打开商品管理页面，在视图层新增对话框并实现新增 form 表单布局，示例代码如下。

```
<el-dialog v-model="dialogVisibleAddGoods"
   :title="tips" width="40%" class="addDialog"
>
      <el-form :model="addGoodsData" label-width="110px">
         <el-form-item label="商品名称">
            <el-input v-model="addGoodsData.title" />
         </el-form-item>
         <el-form-item label="商品分类">
            <el-select v-model="addGoodsData.category_id" >
               <el-option
                  v-for="item in goodsCate"
                  :key="item.id"
                  :label="item.name"
                  :value="item.id"
               />
            </el-select>
         </el-form-item>
         <el-form-item label="封面">
            <selectImg v-model="addGoodsData.cover"></selectImg>
         </el-form-item>
         <el-form-item label="商品单位">
            <el-input v-model="addGoodsData.unit" />
         </el-form-item>
         <el-form-item label="总库存">
            <el-input v-model="addGoodsData.stock" type="number">
            </el-input>
```

```
        </el-form-item>
        <el-form-item label="库存预警">
            <el-input v-model="addGoodsData.min_stock"
                type="number"
            >
            </el-input>
        </el-form-item>
        <el-form-item label="原价格">
            <el-input
                v-model="addGoodsData.min_oprice" type="number"
            >
                <template #append>元</template>
            </el-input>
        </el-form-item>
        <el-form-item label="活动价格">
            <el-input
                v-model="addGoodsData.min_price" type="number"
            >
                <template #append>元</template>
            </el-input>
        </el-form-item>
        <el-form-item label="商品描述">
            <el-input :rows="2" type="textarea"
                v-model="addGoodsData.desc"
            />
        </el-form-item>
        <el-form-item label="是否显示库存">
            <el-radio-group v-model="addGoodsData.stock_display">
                <el-radio :label="1" border>是</el-radio>
                <el-radio :label="0" border>否</el-radio>
            </el-radio-group>
        </el-form-item>
        <el-form-item label="是否上架">
            <el-radio-group v-model="addGoodsData.status">
                <el-radio :label="1" border>是</el-radio>
                <el-radio :label="0" border>否</el-radio>
            </el-radio-group>
        </el-form-item>
    </el-form>
    <template #footer>
        <span class="dialog-footer">
            <el-button @click="dialogVisibleAddGoods = false">
                取消
            </el-button>
            <el-button type="primary" @click="submitOk">
                确定
```

```
            </el-button>
        </span>
    </template>
</el-dialog>
```

注意：

选择封面组件在开发管理员模块中已开发完成，因此引入 SelectImg.vue 组件即可。

（3）定义 form 表单数据源数据，示例代码如下。

```
//“新增”对话框，默认关闭
const dialogVisibleAddGoods = ref(false)
//新增商品 form 表单数据源
const addGoodsData = reactive({
    title: '',
    category_id: null,
    cover: '',
    unit: '件',
    stock: 100,
    min_stock: 10,
    min_oprice: null,
    min_price: null,
    desc: '',
    stock_display: 1,
    status: 1
})
//商品 ID
const goodsId=ref(0)
```

（4）单击“新增”按钮弹出对话框，进行数据初始化，示例代码如下。

```
//打开“新增”对话框
const oppenAddDialog = () => {
    tips.value = '新增'
    addGoodsData.title = ''
    addGoodsData.category_id = null
    addGoodsData.cover = ''
    addGoodsData.unit = '件'
    addGoodsData.stock = 100
    addGoodsData.min_stock = 10
    addGoodsData.min_oprice = null
    addGoodsData.min_price = null
    addGoodsData.desc = ''
    addGoodsData.stock_display = 1
    addGoodsData.status = 1
    dialogVisibleAddGoods.value = true
}
```

（5）单击对话框中的“确定”按钮，调用 API 方法实现新增功能，示例代码如下。

```
const submitOk = async () => {
    if (tips.value == '新增') {
        const res = await addGoodsFn(addGoodsData)
        console.log(res)
        if (res.msg && res.msg !== 'ok') {
            return ElMessage.error(res.msg)
        }
        ElMessage({
            message: '新增成功',
            type: 'success',
        })
        dialogVisibleAddGoods.value = false
        getGoodsList()
    } else if (tips.value == '编辑') {
      //...
    }
}
```

8.10　编辑商品

本节将实现编辑商品的功能，编辑商品后端接口文档信息如下。

请求 URL：admin/goods/:id

请求方式：POST

请求参数：

参数名	是否必选	类　型	说　明
title	是	String	商品名称
category_id	是	Number	商品分类 ID
cover	是	String	商品头像
unit	是	String	商品单位
stock	是	Number	商品库存
min_stock	是	Number	库存预警
min_oprice	是	Number	商品原价
min_price	是	Number	获取价格
desc	是	String	商品描述
stock_display	是	Number	是否显示库存
status	是	Number	是否上架

返回示例：

```
{
   "msg": "ok",
   "data": true
}
```

编辑商品功能的实现步骤如下。

（1）打开 api 目录下的 goods.js 模块，根据接口文档定义发送请求 API 的方法，示例代码如下。

```
export const editGoodsFn=(id,data)=>{
   return request({
      url:'admin/goods/${id}',
      method:'POST',
      data
   })
}
```

（2）单击“编辑”按钮弹出对话框，初始化数据，视图层代码如下。

```
<el-table-column label="操作">
     <template #default="scope">
            <div v-if="queryData.tab !== 'delete'">
               <el-button
                 type="primary" :icon="Edit" size="small"
                 @click="oppenEditDialog(scope.row)"
               />
            </div>
            <div v-else>
               暂无操作
            </div>
     </template>
</el-table-column>
```

数据层代码如下。

```
const oppenEditDialog = (row) => {
   tips.value = '编辑'
   goodsId.value = row.id
   addGoodsData.title = row.title
   addGoodsData.category_id = row.category_id
   addGoodsData.cover = row.cover
   addGoodsData.unit = row.unit
   addGoodsData.stock = row.stock
   addGoodsData.min_stock = row.min_stock
   addGoodsData.min_oprice = row.min_oprice
   addGoodsData.min_price = row.min_price
   addGoodsData.desc = row.desc
   addGoodsData.stock_display = row.stock_display
```

```
    addGoodsData.status = row.status

    dialogVisibleAddGoods.value = true
}
```

注意：

由于后续步骤需要使用商品 ID 属性，所以在当前步骤为 goodsId 重新赋值。

（3）单击对话框中的“确定”按钮，调用 API 实现编辑功能，示例代码如下。

```
const submitOk = async () => {
    if (tips.value == '新增') {
        //...
    } else if (tips.value == '编辑') {
        const res = await editGoodsFn(goodsId.value, addGoodsData)
        console.log(res)
        if (res.msg && res.msg !== 'ok') {
            return ElMessage.error(res.msg)
        }
        ElMessage({
            message: '编辑成功',
            type: 'success',
        })
        dialogVisibleAddGoods.value = false
        getGoodsList()
    }
}
```

8.11　设置商品轮播图

本节将实现设置商品轮播图的功能，如图 8-6 所示。

图 8-6

设置商品轮播图后端接口文档信息如下。

请求 URL：admin/goods/banners/:id

请求方式：POST

请求参数：

参 数 名	是 否 必 选	类 型	说 明
id	是	Number	URL 参数
banners	是	Array	body 参数

返回示例：

```
{
    data: [ {…} ]
    msg: "ok"
}
```

设置商品轮播图功能的实现步骤如下。

（1）打开 api 目录下的 goods.js 模块，根据接口文档定义发送请求 API 的方法，示例代码如下。

```
export const setGoodsBanner=(id,data)=>{
    return request({
        url: 'admin/goods/banners/${id}',
        method:'POST',
        data
    })
}
```

（2）在 components 目录新建轮播图组件并实现页面布局，示例代码如下。

```
<el-dialog v-model="dialogVisible" title="设置轮播图" width="40%"
     destroy-on-close
>
      <el-form :model="formData">
          <el-form-item label="轮播图">
              <selectImg :num="5"
   v-model="formData.banners"></selectImg>
          </el-form-item>
      </el-form>
      <template #footer>
          <span class="dialog-footer">
              <el-button @click="dialogVisible = false">取消</el-button>
              <el-button type="primary" @click="submitOk">
                  确定
              </el-button>
          </span>
```

```
    </template>
</el-dialog>
```

（3）打开轮播图组件，共享打开 dialog 对话框的方法，示例代码如下。

```
//打开 dialog 对话框
const openDialog = async (row) => {
  dialogVisible.value = true
}
defineExpose({
  openDialog
})
```

打开 GoodsList.vue 商品管理页面，引用轮播图组件并调用共享方法，示例代码如下。

```
import goodsBanner from '@/components/Banner.vue'
<goodsBanner ref="goodsBannerRef"></goodsBanner>
```

单击“设置轮播图”按钮，调用打开“设置轮播图”对话框的方法，视图层代码如下。

```
<el-button class="btnClass" @click="oppenSetBanner(scope.row)">
设置轮播图
</el-button>
```

数据层代码如下。

```
const goodsBannerRef = ref(null)
//打开设置对话框
const oppenSetBanner = (row) => {
  goodsBannerRef.value.openDialog(row)
}
```

注意：

父组件调用子组件方法的同时将商品详情 row 传递给子组件，子组件可获取商品 ID。

（4）根据商品 ID 获取商品轮播图并渲染到弹框组件，示例代码如下。

```
//接收商品 banner
const formData = reactive({
  banners: []
})
//接收商品 ID
const goodsId = ref(null)
const openDialog = async (row) => {
  //获取父组件传递的商品 ID
  goodsId.value = row.id
  //根据商品 ID 获取商品信息
  const res = await getGoodsInfoById(goodsId.value)
  if (res.msg && res.msg !== 'ok') {
```

```
        return ElMessage.error(res.msg)
    }
    formData.banners = res.data.goodsBanner.map(item => item.url)
    dialogVisible.value = true
}
```

（5）引用 SelectImg.vue 图库选择组件并设置轮播图的个数，示例代码如下。

```
import selectImg from '@/components/SelectImg.vue'
<el-form :model="formData">
     <el-form-item label="轮播图">
          <selectImg :num="5" v-model="formData.banners"></selectImg>
     </el-form-item>
</el-form>
```

打开 SelectImg.vue 组件，接收父组件传递的 num 和 v-model 的值，示例代码如下。

```
//通过 defindProps 接收父组件传递的值
const props = defineProps({
   modelValue: [String, Array],
   num: {
      type: Number,
      default: 1
   }
   //...
})
```

将接收的 v-model 的值渲染到视图层，示例代码如下。

```
<div v-if="modelValue>
     <el-image
          v-if="typeof modelValue == 'string'"
          class="avatar" :src="modelValue" fit="cover"
     />
          <div v-else>
               <!-- 如果 v-model 的值是数组 -->
               <div class="picContainer"
                    v-for="(item, i) in modelValue" :key="i" >
                    <span @click="removeImg(item)">X</span>
                    <el-image class="avatar1" :src="item" fit="cover" />
               </div>
     </div>
</div>
```

代码解析：

如果 modelValue 的值为字符串，则直接渲染给 src 属性；如果 modelValue 的值为数组，则循环遍历数组。

（6）单击“确定”按钮，调用设置轮播图 API，示例代码如下。

```
//设置轮播图
const submitOk = async () => {
    const res = await setGoodsBanner(goodsId.value, formData)
    console.log(res)
    if (res.msg && res.msg !== 'ok') {
        return ElMessage.error(res.msg)
    }
    ElMessage({
        message: '轮播图设置成功',
        type: 'success',
    })
    dialogVisible.value = false
}
```

通过上述 6 个步骤即可实现设置轮播图的功能。

8.12　设置商品详情

本节将实现设置商品详情的功能，如图 8-7 所示。

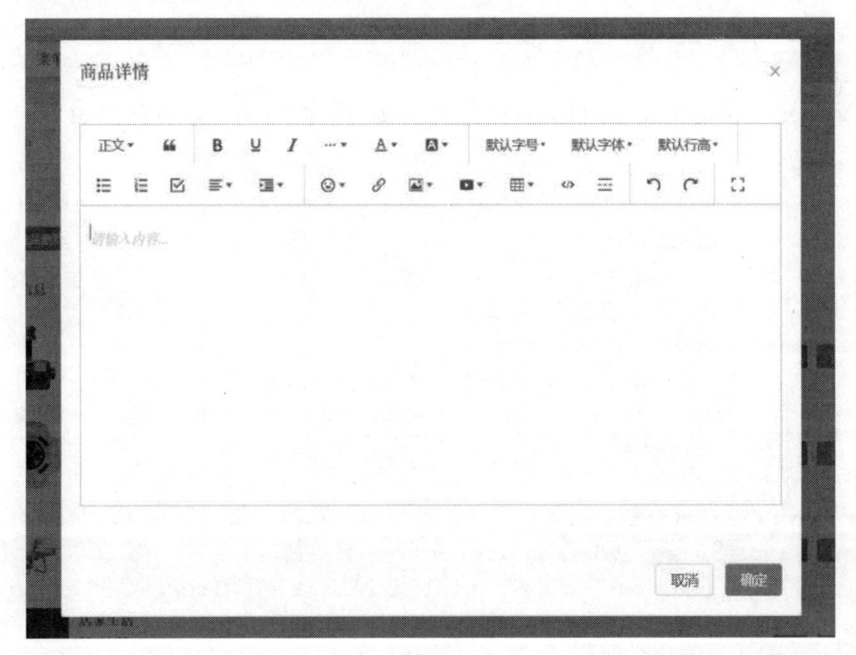

图 8-7

设置商品详情后端接口文档信息如下。

请求 URL：admin/goods/:id

请求方式：POST

请求参数：

参 数 名	是 否 必 选	类 型	说 明
id	是	Number	商品 ID
content	是	String	商品详情

返回示例：

```
{
   data: true
   msg: "ok"
}
```

设置商品详情功能的实现步骤如下。

（1）打开 api 目录下的 goods.js 模块，根据接口文档定义发送请求 API 的方法，示例代码如下。

```
export const editGoodsFn=(id,data)=>{
   return request({
       url:'admin/goods/${id}',
       method:'POST',
       data
   })
}
```

（2）新建 editGoodsInfo.vue 商品详情组件并实现页面布局，示例代码如下。

```
<template>
   <el-dialog v-model="dialogVisible" title="商品详情" width="50%"
       destroy-on-close
   >
       <el-form :model="formData">
           <el-form-item>
               <!-- <Edit v-model="formData.content"></Edit> -->
               <wangEditor v-model="formData.content"></wangEditor>
           </el-form-item>
       </el-form>
       <template #footer>
           <span class="dialog-footer">
               <el-button @click="dialogVisible = false">取消</el-button>
               <el-button type="primary" @click="submitOk">
                   确定
               </el-button>
           </span>
       </template>
```

```
    </el-dialog>
</template>
```

（3）打开商品详情组件，通过 editGoodsInfo.vue 子组件向父组件暴露打开对话框的方法，示例代码如下。

```
//对话框默认关闭
const dialogVisible = ref(false)
const oppenGoodsInfo =async (row) => {
    dialogVisible.value = true
}
//导出方法
defineExpose({
    oppenGoodsInfo
})
```

商品管理父组件引用 editGoodsInfo.vue 并调用 oppenGoodsInfo()方法，示例代码如下。

```
import goodsInfo from '@/components/editGoodsInfo.vue'
<!-- 商品详情 -->
<goodsInfo ref="goodsInfoRef"></goodsInfo>
```

单击“设置商品详情”按钮，弹出对话框，示例代码如下。

```
<el-button class="btnClass1" @click="oppenGoodsInfoDialog(scope.row)" >
设置商品详情
</el-button>
```

数据层代码如下。

```
//打开商品详情
const oppenGoodsInfoDialog=(row)=>{
    goodsInfoRef.value.oppenGoodsInfo(row)
}
```

注意：

父组件调用子组件 oppenGoodsInfo()方法的同时将商品信息传递给子组件，在子组件中可获取商品 ID。

（4）根据商品 ID 获取商品详情，示例代码如下。

```
//接收商品详情
const formData=reactive({
    content:''
})
//接收商品 ID
const goodsId=ref(0)
const oppenGoodsInfo =async (row) => {
    goodsId.value=row.id
    //根据商品 ID 获取当前商品
```

```
    const res = await getGoodsInfoById(goodsId.value)
    if (res.msg && res.msg !== 'ok') {
        return ElMessage.error(res.msg)
    }
    formData.content = res.data.content
    dialogVisible.value = true
}
```

（5）引用 wangEditor 组件。新建 wangEditor.vue 富文本组件，示例代码如下。

```
<!-- 富文本 -->
<template>
    <div style="border: 1px solid #ccc">
        <Toolbar style="border-bottom: 1px solid #ccc"
            :editor="editorRef"
            :defaultConfig="toolbarConfig" :mode="mode"
        />
        <Editor style="height: 300px; overflow-y: hidden;"
            v-model="valueHtml" :defaultConfig="editorConfig"
            :mode="mode"
            @onCreated="handleCreated"
        />
    </div>
</template>
<script setup>
import '@wangeditor/editor/dist/css/style.css' // 引入 CSS
import { onBeforeUnmount, ref, shallowRef, watch } from 'vue'
import { Editor, Toolbar } from '@wangeditor/editor-for-vue'
//编辑器实例，必须用 shallowRef
const editorRef = shallowRef()
//接收父组件传递的数据
const props = defineProps({
    modelValue:String
})
//内容 HTML
const valueHtml = ref(props.modelValue)
const toolbarConfig = {}
const editorConfig = { placeholder: '请输入内容...' }
const emit = defineEmits(["update:modelValue"])
watch(props, (newVal) => valueHtml.value = newVal.modelValue)
watch(valueHtml, (newVal) => emit("update:modelValue", newVal))
//组件销毁时，也及时销毁编辑器
onBeforeUnmount(() => {
    const editor = editorRef.value
    if (editor == null) return
    editor.destroy()
```

```
})
const handleCreated = (editor) => {
    editorRef.value = editor //记录editor实例，此步操作很重要
}
</script>
```

代码解析：

富文本编辑器重点接收父组件 v-model 传递过来的值，使用 watch 监听属性实时修改父组件 v-model 的值。

（6）单击“确定”按钮，调用设置商品详情 API，示例代码如下。

```
const submitOk=async ()=>{
    const res=await editGoodsFn(goodsId.value,formData)
    if(res.msg&&res.msg!=='ok'){
        return ElMessage.error(res.msg)
    }
    ElMessage({
            message: '设置商品详情成功',
            type: 'success',
        })
    dialogVisible.value = false
}
```

8.13　设置商品规格

本节进入设置商品规格模块的开发，通过该模块可实现商品的单规格设置以及多规格设置。商品多规格设置将实现添加规格、编辑规格、删除规格，以及表格联动等功能。

8.13.1　商品单规格设置

单击商品管理页面中的“设置商品规格”按钮，弹出“设置商品规格”对话框，如图 8-8 所示。

商品单规格设置后端接口文档信息如下。

请求 URL：admin/goods/updateskus/:id

请求方式：POST

请求参数：

参 数 名	是否必选	类　型	说　明
sku_type	是	Number	0 表示单规格，1 表示多规格
sku_value	是	Object	规格值

图 8-8

单规格请求参数示例：

```
{
  "sku_type": 0,
  "sku_value": {
      "oprice": 0,          //市场价
       "pprice": 0,         //销售价
       "cprice": 0,         //成本价
       "weight": 0,         //重量
       "volume": 0          //商品体积
    }
 }
```

返回示例：

```
{
   msg: "ok"
   data:{ }
 }
```

商品单规格设置功能的实现步骤如下。

（1）打开 api 目录下的 goods.js 模块，根据接口文档定义发送请求 API 的方法，示例代码如下。

```
export const editStuFn=(id,data)=>{
   return request({
      url:'admin/goods/updateskus/${id}',
      method:'POST',
      data
   })
}
```

（2）在 components 目录下新建 GoodsSku.vue，设置商品规格弹框组件并实现页面布局，示例代码如下。

```
<el-dialog v-model="dialogVisible"
title="设置商品规格" width="60%" destroy-on-close
>
  <el-form :model="formData" label-width="120px">
    <el-form-item label="规格类型">
      <el-radio-group v-model="formData.sku_type">
        <el-radio :label="0" border>单规格</el-radio>
        <el-radio :label="1" border>多规格</el-radio>
      </el-radio-group>
    </el-form-item>
    <template v-if="formData.sku_type == 0">
      <el-form-item label="市场价">
        <el-input v-model="formData.sku_value.oprice">
          <template #append>元</template>
        </el-input>
      </el-form-item>
      <el-form-item label="销售价">
        <el-input v-model="formData.sku_value.pprice">
          <template #append>元</template>
        </el-input>
      </el-form-item>
      <el-form-item label="成本价">
        <el-input v-model="formData.sku_value.cprice">
          <template #append>元</template>
        </el-input>
      </el-form-item>
      <el-form-item label="重量">
        <el-input v-model="formData.sku_value.weight">
          <template #append>公斤</template>
        </el-input>
      </el-form-item>
      <el-form-item label="商品体积">
        <el-input v-model="formData.sku_value.volume">
          <template #append>立方米</template>
        </el-input>
      </el-form-item>
    </template>
    <template v-if="formData.sku_type == 1">
      <!-- 新增多规格组件 -->
      <goodsSkuAdd></goodsSkuAdd>
      <!-- 多规格表格数据 -->
      <skuTableList></skuTableList>
    </template>
  </el-form>
```

```
    <template #footer>
      <span class="dialog-footer">
        <el-button @click="dialogVisible = false">取消</el-button>
        <el-button type="primary" @click="submitOk">
          确定
        </el-button>
      </span>
    </template>
  </el-dialog>
```

代码解析：

当 formData.sku_type 的值等于 0 时，显示单规格数据；当 formData.sku_type 的值等于 1 时，显示多规格组件。

（3）在 GoodsSku.vue 组件定义接口中所需要的数据源，示例代码如下。

```
//控制对话框的显示和隐藏
const dialogVisible = ref(false)
//表单数据源对象
const formData = reactive({
  sku_type: 0,
  sku_value: {
    oprice: 0,
    pprice: 0,
    cprice: 0,
    weight: 0,
    volume: 0
  }
})
//显示对话框的方法
const openDialog = async (row) => {
  //goodsId 用于接收商品 ID
  goodsId.value = row.id
  dialogVisible.value = true
}
//共享显示对话框的方法
defineExpose({
  openDialog
})
```

（4）在商品管理列表页面引入 GoodsSku.vue 组件并实现弹框功能，实现代码如下。

```
//数据层引入
import goodsSku from '@/components/GoodsSku.vue'
<!-- 视图层调用商品规格组件 -->
<goodsSku ref="goodsSkuRef"></goodsSku>
```

单击“设置商品规格”按钮弹出对话框，视图层代码如下。

```
<el-table-column label="操作" width="380">
  <template #default="scope">
    <div v-if="queryData.tab !== 'delete'" >
      <el-button @click="oppenGoodsSku(scope.row)">
        设置商品规格
      </el-button>
    </div>
    <div v-else>
      暂无操作
    </div>
  </template>
</el-table-column>
```

数据层代码如下。

```
//打开“设置商品规格”对话框
const oppenGoodsSku = (row) => {
  goodsSkuRef.value.openDialog(row)
}
```

注意：

打开“设置商品规格”对话框的同时将商品信息 row 传递给组件。

（5）在 GoodsSku.vue 组件中根据商品 ID 获取当前商品信息，初始化商品单规格数据，示例代码如下。

```
const openDialog = async (row) => {
  goodsId.value = row.id
  //初始化商品规格数据
  //根据商品 ID 获取商品信息
  const res = await getGoodsInfoById(goodsId.value)
  if (res.msg && res.msg !== 'ok') {
    return ElMessage.error(res.msg)
  }
  formData.sku_type = res.data.sku_type
  formData.sku_value = res.data.sku_value || {
    oprice: 0,
    pprice: 0,
    cprice: 0,
    weight: 0,
    volume: 0
  }
  dialogVisible.value = true
}
```

代码解析：

通过 row.id 获取父组件传递过来的商品 ID，根据商品 ID 获取当前商品信息。

如果服务器端返回的 sku_value 有值，表示之前设置过商品规格数据，将 sku_value 赋值给 formData.sku_value。如果返回的 sku_value 没有值，表示是新添加的商品，将规格数据定义为默认值即可。

（6）单击对话框中的“确定”按钮，调用 API 实现设置商品单规格操作，示例代码如下。

```
const submitOk = async () => {
  let data={
    sku_type:formData.sku_type,
    sku_value:formData.sku_value
  }
  const res = await editStuFn(goodsId.value, data)
  if (res.msg && res.msg !== 'ok') {
    return ElMessage.error(res.msg)
  }
  ElMessage({
    message: '设置规格成功',
    type: 'success',
  })
  dialogVisible.value = false
}
```

8.13.2 商品多规格设置

本节进入商品多规格设置的开发，实现商品规格的添加、修改、删除等操作，如图 8-9 所示。

图 8-9

商品多规格设置后端接口文档信息如下。

请求 URL：admin/goods/updateskus/:id

请求方式：POST

请求参数：

参 数 名	是否必选	类　型	说　明
sku_type	是	Number	0 表示单规格，1 表示多规格
goodsSkus	是	Array	多规格数据

商品多规格请求参数示例：

```
{
  "sku_type": 0,
    "goodsSkus": [
   {
       "skus": [
          {
              "goods_skus_card_id": "111",
              "name": "尺寸",
              "order": 1,
              "value": "M",
              "id": "1",
              "text": "M"
              }
       ],
       "image": "",
       "pprice": 0,
       "oprice": 0,
       "cprice": 0,
       "stock": 0,
       "volume": 0,
       "weight": 0,
       "code": "",
       "goods_id": 0
        }
]
 }
```

返回示例：

```
{
   msg: "ok"
   data:{ }
}
```

商品多规格设置的功能相对复杂，因此笔者将功能拆分成多个小节来实现。本节实现多规格页面布局。当 formData.sku_type == 1 时，显示多规格组件。为方便后期维护，将多规格组件拆分成两个组件，分别是添加规格组件和规格设置组件。在 components 目录下新建添加规格组件 GoodsSkuAdd.vue 和规格设置组件 skuTable.vue。

GoodsSkuAdd.vue 的页面布局代码如下。

```
<template>
   <el-form-item label="添加规格">
       <div class="sku_mian" v-for="(item, i) in skuList" :key="i">
           <div class="sku_top">
               <span>
                   <el-button size="small" type="primary" :icon="Delete"
                     @click="delSku(item.id)"
                     />
               </span>
               <el-input v-model="item.text" class="inputStyle">
                   <template #append>
                       <el-button :icon="Edit" @click="editSku(item)"/>
                   </template>
               </el-input>
       </div>
       <div class="sku_content">
               <goodsSkuVal :skuId="item.id"></goodsSkuVal>
           </div>
       </div>
       <el-button type="primary" size="small" @click="addSku">
       添加规格
       </el-button>
   </el-form-item>
</template>
```

在添加规格组件中，规格值采用 Element Plus 提供的动态编辑标签 tag 实现，单独抽离成<goodsSkuVal></goodsSkuVal>组件，接下来在 components 目录下新建 GoodsSkuVal.vue 组件，页面布局代码如下。

```
<template>
   <div>
       <el-tag v-for="(tag, i) in item.goodsSkusCardValue"
           :key="i" closable :disable-transitions="false"
           @close="handleClose(tag)"
       >
           <el-input v-model="tag.text" class="inputStyle"
             @change="editSkuVal($event, tag)">
           </el-input>
       </el-tag>
       <el-input v-if="inputVisible" ref="InputRef" v-model="inputValue"
           class="inputStyle" size="small"
```

```
            @keyup.enter="handleInputConfirm()"
            @blur="handleInputConfirm()"
            />
        <el-button v-else class="button-new-tag ml-1" size="small"
            @click="showInput"
        >
            + New Tag
        </el-button>
    </div>
</template>
```

接下来布局规格设置组件，skuTable.vue 的页面布局代码如下。

```
<template>
    <el-form-item label="规格设置">
        <table cellpadding="0" cellspacing="0">
            <thead>
                <tr>
                    <th v-for="(item,i) in tableTitle" :key="i"
                        :rowspan="item.row" :colspan="item.col"
                       >
                        {{ item.name }}
                    </th>
                </tr>
                <tr>
                    <th v-for="(item,i) in isSkuVal" :key="i">
                        {{ item.name }}
                    </th>
                </tr>
            </thead>
            <tbody>
                <tr v-for="(item,i) in skuTable" :key="i">
                    <td v-for="(sub,index) in item.skus" :key="index" >
                        {{ sub.value }}
                    </td>
                    <td>
                        <el-input type="number"></el-input>
                    </td>
                    <td>
                        <el-input type="number"></el-input>
                    </td>
                    <td>
                        <el-input type="number"></el-input>
                    </td>
                    <td>
                        <el-input type="number"></el-input>
                    </td>
```

```
                <td>
                    <el-input type="number"></el-input>
                </td>
                <td>
                    <el-input type="number"></el-input>
                </td>
                <td>
                    <el-input ></el-input>
                </td>
            </tr>
        </tbody>
    </table>
  </el-form-item>
</template>
```

注意：

本节只关注页面布局，关于动态数据及方法，将在 8.13.3 节讲解。

8.13.3 渲染商品规格列表

本节实现将商品中已有的商品规格数据渲染到视图层的功能，实现步骤如下。

（1）在 utils 目录下新建 useSku.js 模块，用于存放所有和商品规格相关的数据和方法。定义商品 ID 和商品规格列表响应式数据，示例代码如下。

```
import { ref } from 'vue'
//当前商品 ID
export const goodsId = ref(0)
//当前商品规格列表
export const skuList = ref([])
```

（2）初始化商品 ID 及商品规格列表。

思考：在哪个时间节点可以获取商品 ID？

当单击商品列表中的“设置商品规格”按钮，调用弹出对话框方法的同时将商品信息传递给 GoodsSku.vue 子组件，在 openDialog 方法中即可初始化商品 ID。

打开 GoodsSku.vue 组件，导入 utils 目录中的 goodsId，示例代码如下。

```
import { goodsId } from '@/utils/useSku.js'
```

为 goodsId 重新赋值，示例代码如下。

```
const openDialog = async (row) => {
  //初始化商品 ID
  goodsId.value = row.id
  //根据商品 ID 获取商品信息
  const res = await getGoodsInfoById(goodsId.value)
```

```
  //...
  dialogVisible.value = true
}
```

注意：

res 表示当前商品的所有信息，res.data.goodsSkusCard 表示商品规格列表属性。

打开 useSku.js，定义初始化商品规格列表的方法，示例代码如下。

```
export function initSkuList(goodsInfo) {
    //goodsInfo 表示商品的所有信息
    console.log(goodsInfo)
    skuList.value = goodsInfo.goodsSkusCard.map(item => {
        //追加一个 text 属性
        item.text = item.name
        item.goodsSkusCardValue.map(val => {
            val.text = val.value || '属性值'
            return val
        })
        return item
    })
}
```

代码解析：

通过调用 initSkuList()方法传入商品的所有信息，商品规格列表属性是 goodsInfo.goodsSkusCard。为了方便后期维护数据，为 goodsSkusCard 数组中的每一项追加 text 属性，其属性值和 name 值相同。

goodsSkusCard 数组中的每一个对象包含 goodsSkusCardValue 数组，表示规格选项值。为了方便后期维护数据，同样也需要为数组中的每一项追加 text 属性。

接下来初始化商品规格列表。打开 GoodsSku.vue 组件，导入 initSkuList 方法，获取商品规格列表，示例代码如下。

```
import { initSkuList, goodsId } from '@/utils/useSku.js'
const openDialog = async (row) => {
  goodsId.value = row.id
  const res = await getGoodsInfoById(goodsId.value)
  //...
  //获取商品规格列表
  initSkuList(res.data)
  dialogVisible.value = true
}
```

此时将商品规格列表赋值给 useSku.js 模块中的 skuList。

（3）渲染规格列表。打开 GoodsSkuAdd.vue 组件，导入 useSku.js 模块中的商品规格列表 skuList，示例代码如下。

```
import { skuList } from '@/utils/useSku.js'
```

在视图层渲染 skuList，示例代码如下。

```
<el-form-item label="添加规格">
      <div class="sku_mian" v-for="(item, i) in skuList" :key="i">
         <div class="sku_top">
            <span>
               <el-button size="small" type="primary" :icon="Delete"/>
            </span>
            <el-input v-model="item.text" >
               <template #append>
                  <el-button :icon="Edit" />
               </template>
            </el-input>
      </div>
      <div class="sku_content">
            <goodsSkuVal :skuId="item.id"></goodsSkuVal>
         </div>
      </div>
      <el-button type="primary" size="small" >添加规格</el-button>
</el-form-item>
```

代码解析：

通过 v-for 将商品规格渲染给 input 标签的 v-model 属性。

8.13.4 渲染商品规格选项值

本节实现渲染商品规格选项值功能，实现步骤如下。

（1）打开 goodsSkuAdd.vue 组件，将 skuId 渲染给<goodsSkuVal></goodsSkuVal>子组件，示例代码如下。

```
<el-form-item label="添加规格">
      <div class="sku_mian" v-for="(item, i) in skuList" :key="i">
       //...
      <div class="sku_content">
            <goodsSkuVal :skuId="item.id"></goodsSkuVal>
         </div>
      </div>
</el-form-item>
```

（2）在子组件 GoodsSkuVal.vue 中接收父组件传递过来的 skuId，示例代码如下。

```
//接收父组件传递的 ID
const props = defineProps({
  skuId: [Number, String]
})
```

（3）在 useSku.js 模块定义初始化商品规格值的方法，示例代码如下。

```
//初始化商品规格值
export function initSkuItemVal(id) {
   //获取商品规格对象
   const item = skuList.value.find(o => o.id == id)
   return {
      item
   }
}
```

（4）在子组件 GoodsSkuVal.vue 中获取商品规格对象，示例代码如下。

```
import { initSkuItemVal } from '@/utils/useSku.js'
const {  item } = initSkuItemVal(props.skuId)
```

（5）渲染商品规格选项值数据，示例代码如下。

```
<el-tag v-for="(tag, i) in item.goodsSkusCardValue" :key="i"
closable :disable-transitions="false"
>
   <el-input v-model="tag.text" class="inputStyle"
</el-input>
</el-tag>
```

代码解析：

商品规格选项值在每个规格对象中的 goodsSkusCardValue 数组中，所以循环遍历的是 item.goodsSkusCardValue 数组，将商品规格选项值中的 text 属性渲染到 input 标签的 v-model 属性。

8.13.5　新增商品规格选项值

本节将实现新增商品规格选项值功能，后端接口文档信息如下。

请求 URL：admin/goods_skus_card_value

请求方式：POST

请求参数：

参 数 名	是 否 必 选	类　型	说　明
goods_skus_card_id	是	Number	规格 ID
name	是	String	规格名称
order	是	Number	排序
value	是	String	规格选项值

返回示例：

```
{
   msg: "ok"
```

```
    data: Object { goods_skus_card_id: 425, name: "尺寸", order: 2, … }
}
```

新增商品规格选项值功能的实现步骤如下。

（1）打开 api 目录下的 goods.js 模块，根据接口文档定义发送请求 API 的方法，示例代码如下。

```
export const addSkuValFn=(data)=>{
    return request({
        url:'admin/goods_skus_card_value',
        method:'POST',
        data
    })
}
```

（2）将 GoodsSkuVal.vue 组件中的 tag 标签数据层代码抽离到 useSku.js 模块，由于新增方法中用到规格 ID 等参数，将其抽离到 useSku.js 模块后可直接获取参数的值，示例代码如下。

```
//初始化规格值
export function initSkuItemVal(id) {
    //获取规格值对象
    const item = skuList.value.find(o => o.id == id)
    const inputValue = ref('')
    const inputVisible = ref(false)
    const InputRef = ref()
    const handleClose = async (tag) => {
        //删除规格选项值
    }
    const showInput = () => {
        //显示文本框
    }
    const handleInputConfirm = async () => {
        //新增规格选项值
    }
    const editSkuVal = async (val, tag) => {
        //修改规格选项值
    }
    return {
        item,
        inputValue,
        inputVisible,
        InputRef,
        handleClose,
        showInput,
        handleInputConfirm,
        editSkuVal
```

```
    }
}
```

代码解析：

将 tag 标签数据层代码抽离到 useSku.js 模块中的 initSkuItemVal()方法中，形参 id 接收的是规格 ID。

（3）在 handleInputConfirm()新增方法中调用 API 实现新增功能，示例代码如下。

```
const handleInputConfirm = async () => {
   const res = await addSkuValFn({
      //规格 ID
      goods_skus_card_id: id,
      //规格名称
      name: item.name,
      //排序
      order: 2,
      //规格选项值
      value: inputValue.value
   })
   if (res.msg && res.msg !== 'ok') {
      return
   }
   //添加成功，在视图层同步显示
   item.goodsSkusCardValue.push({ ...res.data, text: inputValue.value })
   inputVisible.value = false
   inputValue.value = ''
}
```

（4）在 GoodsSkuVal.vue 组件中导入抽离完成的属性和方法，示例代码如下。

```
import { initSkuItemVal } from '@/utils/useSku.js'
const { item,
   inputValue,
   inputVisible,
   InputRef,
   handleClose,
   showInput,
   handleInputConfirm,
   editSkuVal } = initSkuItemVal(props.skuId)
```

8.13.6　删除商品规格选项值

本节将实现删除商品规格选项值功能，后端接口文档信息如下。

请求 URL：admin/goods_skus_card_value/:id/delete

请求方式：POST

请求参数：

参 数 名	是 否 必 选	类　型	说　明
id	是	Number	规格选项值 ID

返回示例：

```
{
   "msg": "ok",
   "data": true
}
```

删除商品规格选项值功能的实现步骤如下。

（1）打开 api 目录下的 goods.js 模块，根据接口文档定义发送请求 API 的方法，示例代码如下。

```
export const delSkuValFn=(id)=>{
   return request({
      url: 'admin/goods_skus_card_value/${id}/delete',
      method:'POST'
   })
}
```

（2）在 GoodsSkuVal.vue 组件中调用@close 删除事件，视图层代码如下。

```
<el-tag v-for="(tag, i) in item.goodsSkusCardValue" :key="i"
closable :disable-transitions="false"
   @close="handleClose(tag)"
>
   //...
</el-tag>
```

注意：

调用 handleClose(tag)方法的同时传入当前商品规格选项值。

（3）在 useSku.js 模块调用 API 方法，实现删除商品规格选项值功能，示例代码如下。

```
const handleClose = async (tag) => {
      const res = await delSkuValFn(tag.id)
      if (res.msg && res.msg !== 'ok') {
         return
      }
item.goodsSkusCardValue.splice(item.goodsSkusCardValue.indexOf(tag), 1)
}
```

8.13.7　编辑商品规格选项值

本节将实现编辑商品规格选项值功能，后端接口文档信息如下。

请求 URL：admin/goods_skus_card_value/:id

请求方式：POST

请求参数：

参 数 名	是 否 必 选	类　　型	说　　明
id	是	Number	规格选项值 ID（URL 参数）
goods_skus_card_id	是	Number	规格 ID
name	是	String	规格名称
order	是	Number	排序
value	是	String	规格选项名称

返回示例：

```
{
   "msg": "ok",
   "data": true
}
```

编辑商品规格选项值功能的实现步骤如下。

（1）打开 api 目录下的 goods.js 模块，根据接口文档定义发送请求 API 的方法，示例代码如下。

```
export const editSkuValFn=(id,data)=>{
   return request({
      url: 'admin/goods_skus_card_value/${id}',
      method:'POST',
      data
   })
}
```

（2）在 GoodsSkuVal.vue 组件中调用 input 输入框的@change 事件，视图层代码如下。

```
<el-tag v-for="(tag, i) in item.goodsSkusCardValue" :key="i"
closable :disable-transitions="false"
     @close="handleClose(tag)"
>
   <el-input v-model="tag.text" @change="editSkuVal($event, tag)">
</el-input>
</el-tag>
```

（3）在 useSku.js 模块调用 API 方法，实现编辑商品规格选项值功能，示例代码如下。

```
const editSkuVal = async (val, tag) => {
      //val 是最新值
      //tag 是传递过来的对象
      const res = await editSkuValFn(tag.id, {
         goods_skus_card_id: tag.goods_skus_card_id,
         name: tag.name,
```

```
        order: tag.order,
        value: val
    })
    console.log(res)
    if (res.msg && res.msg !== 'ok') {
        return tag.text = tag.value
    }
    tag.value = val
}
```

代码解析：

如果接口调用失败，将 tag.text 恢复成 tag.value；如果接口调用成功，将 tag.value 设置成最新值。

8.13.8 新增商品规格

本节将实现新增商品规格功能，后端接口文档信息如下。

请求 URL：admin/goods_skus_card

请求方式：POST

请求参数：

参 数 名	是 否 必 选	类 型	说 明
goods_id	是	Number	商品 ID
name	是	String	规格名称
order	是	Number	排序
type	是	Number	规格类型

返回示例：

```
{
    msg: "ok"
    data: { goods_id: 183, name: "规格名称", order: 1, … }
}
```

新增商品规格功能的实现步骤如下。

（1）打开 api 目录下的 goods.js 模块，根据接口文档定义发送请求 API 的方法，示例代码如下。

```
export const addGoodsSkuFn=(data)=>{
    return request({
        url:'admin/goods_skus_card',
        method:'POST',
        data
    })
}
```

（2）在 useSku.js 模块共享方法，调用 API 实现新增操作，示例代码如下。

```
//导入 API 方法
import { addGoodsSkuFn } from '@/api/goods.js'
export const addSku = async () => {
   const res = await addGoodsSkuFn({
      goods_id: goodsId.value,
      name: '规格名称',
      order: 1,
      type: 0
   })
   console.log(res)
   if (res.msg && res.msg !== 'ok') {
      return
   }
   //添加成功，追加到数组列表
   skuList.value.push({
      ...res.data,
      text: res.data.name,
      goodsSkusCardValue: []
   })
}
```

注意：

商品规格添加成功时，返回值不包含 text 属性和 goodsSkusCardValue 属性，因此需要手动追加。

（3）在 goodsSkuAdd.vue 页面单击“添加规格”按钮，调用 useSku.js 模块共享的方法，数据层代码如下。

```
import { skuList, addSku } from '@/utils/useSku.js'
```

视图层代码如下。

```
<el-button type="primary" size="small" @click="addSku">添加规格</el-button>
```

经过上述 3 个步骤即可实现新增商品规格功能。

8.13.9　编辑商品规格

本节实现编辑商品规格功能，后端接口文档信息如下。

请求 URL：admin/goods_skus_card/:id

请求方式：POST

请求参数：

参 数 名	是否必选	类 型	说 明
id	是	Number	规格 ID（URL 参数）
goods_id	是	Number	商品 ID
name	是	String	规格名称
order	是	Number	排序
type	是	Number	规格类型

返回示例：

```
{
  msg: "ok"
  data: true
}
```

编辑商品规格功能的实现步骤如下。

（1）打开 api 目录下的 goods.js 模块，根据接口文档定义发送请求 API 的方法，示例代码如下。

```
export const editGoodsSkuFn=(id,data)=>{
  return request({
    url:'admin/goods_skus_card/${id}',
    method:'POST',
    data
  })
}
```

（2）在 useSku.js 模块共享方法，调用 API 实现编辑操作，示例代码如下。

```
export const editSku = async (skuInfo) => {
  console.log(skuInfo)
  const res = await editGoodsSkuFn(skuInfo.id, {
    goods_id: skuInfo.goods_id,
    name: skuInfo.text,
    order: skuInfo.order,
    type: skuInfo.type
  })
  console.log(res)
  if (res.msg && res.msg !== 'ok') {
    return skuInfo.text = skuInfo.name
  }
  skuInfo.name = skuInfo.text
  //修改成功的弹框提示
  ElMessage({
    message: '规格名称修改成功',
    type: 'success',
```

```
  })
}
```

注意：

形参 skuInfo 表示当前修改的商品规格对象，根据 skuInfo 可获取商品 ID、规格 ID 等信息。

（3）在 goodsSkuAdd.vue 页面单击"编辑"按钮，调用 useSku.js 模块共享的方法，示例代码如下。

```
<div class="sku_mian" v-for="(item, i) in skuList" :key="i">
      <div class="sku_top">
          <el-input v-model="item.text">
              <template #append>
                  <el-button :icon="Edit" @click="editSku(item)" />
              </template>
          </el-input>
      </div>
</div>
```

8.13.10　删除商品规格

本节将实现删除商品规格功能，后端接口文档信息如下。

请求 URL：admin/goods_skus_card/:id/delete

请求方式：POST

请求参数：

参 数 名	是 否 必 选	类　　型	说　　明
id	是	Number	规格 ID

返回示例：

```
{
   msg: "ok"
   data: true
}
```

删除商品规格功能的实现步骤如下。

（1）打开 api 目录下的 goods.js 模块，根据接口文档定义发送请求 API 的方法，示例代码如下。

```
export const delGoodsSkuFn=(id)=>{
   return request({
      url: 'admin/goods_skus_card/${id}/delete',
      method:'POST',
   })
}
```

（2）在 useSku.js 模块共享方法，调用 API 实现删除操作，示例代码如下。

```
export const delSku = async (skuId) => {
   const res = await delGoodsSkuFn(skuId)
   if (res.msg && res.msg !== 'ok') {
      return
   }
   //删除成功
   ElMessage({
      message: '规格删除成功',
      type: 'success',
   })
   //数组查索引方法
   const i = skuList.value.findIndex(o => o.id == skuId)
   //判断索引是否存在
   if (i !== -1) {
      skuList.value.splice(i, 1)
   }
}
```

（3）在 goodsSkuAdd.vue 页面单击“删除”按钮，调用 useSku.js 模块共享的方法，示例代码如下。

```
<div  v-for="(item, i) in skuList" :key="i">
     <div class="sku_top">
           <span>
               <el-button size="small" type="primary" :icon="Delete"
                  @click="delSku(item.id)"
               />
           </span>
     </div>
</div>
```

8.13.11 商品多规格设置表格样式布局

本节将实现商品多规格设置表格样式布局功能，实现效果图如图 8-10 所示。

商品规格		市场价	销售价	成本价	库存	商品体积	商品重量	编码
尺寸	颜色							
M	红色	4.00	0.00	0.00	0	0	0	
M	黄色	5.00	0.00	0.00	0	0	0	
L	红色	4.00	0.00	0.00	0	0	0	
L	黄色	0.00	0.00	0.00	0	0	0	

图 8-10

为方便项目后期维护，将规格设置抽离成独立组件，在 components 目录下新建 skuTable.vue 组件，视图层代码如下。

```
<template>
   <el-form-item label="规格设置">
       <table cellpadding="0" cellspacing="0">
           <thead>
               <tr>
                   <th></th>
               </tr>
               <tr>
                   <th ></th>
               </tr>
           </thead>
           <tbody>
               <tr>
                   <td>
                   </td>
               </tr>
           </tbody>
       </table>
   </el-form-item>
</template>
```

CSS 样式代码如下。

```
<style lang='less' scoped>
 table{
   border: 1px solid #dbdbdb;
   width: 100%;
   thead tr th{
       border: 1px solid #dbdbdb;
   }
   tbody tr td{
       border: 1px solid #dbdbdb;
       text-align: center;
   }
 }
</style>
```

打开 GoodsSku.vue 组件，导入 skuTable.vue 并进行引用，示例代码如下。

```
import skuTableList from '@/components/skuTable.vue'
<template v-if="formData.sku_type == 1">
       <!-- 新增规格组件 -->
       <goodsSkuAdd></goodsSkuAdd>
       <!-- 规格设置组件 -->
```

```
    <skuTableList></skuTableList>
</template>
```

通过上述代码即可实现商品多规格设置表格样式布局。

8.13.12 初始化多规格表格

本节将实现初始化多规格表格功能，实现步骤如下。

（1）定义响应式数据用来接收商品已经设置完成的商品规格，打开 useSku.js 模块，定义响应式数据，示例代码如下。

```
export const skuTable = ref([])
```

已经设置完成的商品规格存储在商品信息的 goodsSkus 属性中，如图 8-11 所示。

```
▼ goodsSkus: Array(4) [ {…}, {…}, {…}, … ]
  ▼ 0: Object { id: 550, pprice: "0.00", oprice: "4.00", … }
      code: ""
      cprice: "0.00"
      goods_id: 183
      id: 550
      image: ""
      oprice: "4.00"
      pprice: "0.00"
    ▶ skus: Object { 0: {…}, 1: {…} }
      stock: 0
      volume: 0
      weight: 0
    ▶ <prototype>: Object { … }
  ▶ 1: Object { id: 551, pprice: "0.00", oprice: "5.00", … }
  ▶ 2: Object { id: 552, pprice: "0.00", oprice: "4.00", … }
  ▶ 3: Object { id: 553, pprice: "0.00", oprice: "0.00", … }
    length: 4
```

图 8-11

视图层表格最终渲染的数据是 goodsSkus 中存储的数据，将其赋值给 skuTable 即可。但是在哪个时间点可以把 goodsSkus 赋值给 skuTable 呢？

在初始化规格选项列表的方法中进行赋值即可，示例代码如下。

```
export function initSkuList(goodsInfo) {
   console.log(goodsInfo)
   skuList.value = goodsInfo.goodsSkusCard.map(item => {
       item.text = item.name
       item.goodsSkusCardValue.map(val => {
           val.text = val.value || '属性值'
           return val
       })
       return item
   })
   //初始化表格数据
   skuTable.value = goodsInfo.goodsSkus
```

```
    console.log(skuTable.value)
}
```

（2）定义初始化表格的方法，将 goodsSkusCard 规格列表数组中有选项值的选项筛选出来。

后期添加的规格选项是添加到 goodsSkusCards 数组中的，在 goodsSkusCards 数组中每个对象都有 goodsSkusCardValue 属性，如果规格选项中有选项值，则 goodsSkusCardValue 数组不为空；如果规格选项中没有选项值，则 goodsSkusCardValue 数组为空。

第（2）步操作的本质是过滤规格选项中 goodsSkusCardValue 数组为空的选项，示例代码如下。

```
//初始化表格
export function initTable() {
    const isSkuVal = computed(() => skuList.value.filter(item =>
item.goodsSkusCardValue.length > 0))
}
```

注意：

需要将 isSkuVal 定义成响应式数据，所以使用 computed 计算属性。

（3）设置表头信息，在 initTable 方法中定义 tableTitle 响应式数据，返回表格的表头信息，示例代码如下。

```
export function initTable() {
    const isSkuVal = computed(() => skuList.value.filter(item =>
item.goodsSkusCardValue.length > 0))
    //设置表头
    const tableTitle = computed(() => {
        let isSkuValLen = isSkuVal.value.length
        //返回表头信息
        return [
            { name: '商品规格', col: isSkuValLen,
              row: isSkuValLen > 0 ? 1 : 2
            },
            { name: '市场价', row: 2 },
            { name: '销售价', row: 2 },
            { name: '成本价', row: 2 },
            { name: '库存', row: 2 },
            { name: '商品体积', row: 2 },
            { name: '商品重量', row: 2 },
            { name: '编码', row: 2 }
        ]
    })
    return {
        isSkuVal,
        tableTitle,
```

```
        skuTable
    }
}
```

代码解析：

在返回的表格的表头信息中，每个对象中的 row 表示合并的行数，col 表示合并的列数。

（4）打开 skuTable.vue 组件，将获取的数据渲染到视图层，数据层代码如下。

```
import { initTable } from '@/utils/useSku.js'
const { isSkuVal, tableTitle, skuTable } = initTable()
```

视图层代码如下。

```
<table cellpadding="0" cellspacing="0">
       <thead>
           <tr>
               <th v-for="(item, i) in tableTitle" :key="i"
                    :rowspan="item.row" :colspan="item.col"
               >
                   {{ item.name }}
               </th>
           </tr>
           <tr>
               <th v-for="(item, i) in isSkuVal" :key="i">
                   {{ item.name }}
               </th>
           </tr>
       </thead>
       <tbody>
           <tr v-for="(item, i) in skuTable" :key="i">
               <td v-for="(sub, index) in item.skus" :key="index" >
                   {{ sub.value }}
               </td>
               <td>
                   <el-input v-model="item.oprice" ></el-input>
               </td>
               <td>
                   <el-input v-model="item.pprice" ></el-input>
               </td>
               <td>
                   <el-input v-model="item.cprice" ></el-input>
               </td>
               <td>
                   <el-input v-model="item.stock" ></el-input>
               </td>
               <td>
                   <el-input v-model="item.volume" ></el-input>
```

```
            </td>
            <td>
                <el-input v-model="item.weight" ></el-input>
            </td>
            <td>
                <el-input v-model="item.code"></el-input>
            </td>
        </tr>
    </tbody>
</table>
```

代码解析：

表格的标题部分是一个 2 行 8 列的表格，第一行循环遍历的是 tableTitle，渲染表格所有列，第二行循环遍历的是规格选项。

表格的主体部分则渲染 skuTable 已经设置完成的规格选项。

8.13.13　动态添加表格数据

本节将实现动态添加表格数据功能，新增规格选项值实现表格联动效果，实现步骤如下。

（1）判断 skuList 数组是否为空，如果为空，直接将 skuTable 设置为空。

（2）循环遍历 skuList 数组，将有规格选项值的对象筛选出来。

（3）定义方法实现 sku 排列组合。

（4）将转换之后的值赋值给 skuTable。

上述步骤的示例代码如下。

```
//表格数据联动
function getTableData() {
    setTimeout(() => {
        if (skuList.value.length == 0) return skuTable.value = []
        let list = []
        skuList.value.forEach(o => {
            if (o.goodsSkusCardValue && o.goodsSkusCardValue.length > 0) {
                list.push(o.goodsSkusCardValue)
            }
        })
        if (list.length == 0) {
            return skuTable.value = []
        }
        //定义方法实现 sku 排列组合
        let arr = skuChange(...list)
        let arr = cartesianProductOf(...list)
        skuTable.value = []
        skuTable.value = arr.map(skus => {
```

```
            return {
                skus: skus,
                code: "",
                cprice:  "0.00",
                goods_id: goodsId.value,
                image: "",
                oprice: "0.00",
                pprice:  "0.00",
                stock:  0,
                volume: 0,
                weight:  0
            }
        })
    }, 300);
}
```

skuChange 转换方法的代码如下。

```
function skuChange() {
    return Array.prototype.reduce.call(arguments, function (a, b) {
        var ret = [];
        a.forEach(function (a) {
            b.forEach(function (b) {
                ret.push(a.concat([b]));
            });
        });
        return ret;
    }, [
        []
    ]);
}
```

注意：

getTableData()方法的作用是实时更新 skuTable 表格的数据，所以在添加规格、删除规格、编辑规格方法中都需要调用 getTableData()方法。

8.13.14 解决数据覆盖

当前 getTableData()方法返回的数据是固定数据，这会导致数据覆盖的问题，解决方案是在返回数据前判断之前有没有对象，如果之前已经设置过规格数据，则返回之前的数据。

实现步骤如下。

（1）获取已经设置完成的规格列表并进行排序，示例代码如下。

```
let beforeSkuList = JSON.parse(JSON.stringify(skuTable.value)).map(o => {
            if (!Array.isArray(o.skus)) {
```

```
        o.skus = Object.keys(o.skus).map(k => o.skus[k])
      }
      o.skusId = o.skus.sort((a, b) => a.id - b.id).map(s => s.id).join(",")
      return o
})
```

代码解析：

在上述代码中，o 是 skuTable 数组中的每一项，o.skus 默认为对象，通过 Object.keys()方法转成数组。转成数组之后，调用数组的 sort 方法为 skus 进行排序，排序完成后调用 map 方法获取 id，最后转成字符串赋值给 o.skusId，此时每个对象中都包含 skusId。

（2）定义方法用于比较 sku，示例代码如下。

```
function skuCompare(skus, beforeSkuList) {
  //skus 为新传入的规格
  //为新 skus 进行排序，拼接成字符串，定义变量接收
  let skusId = skus.sort((a, b) => a.id - b.id).map(s => s.id).join(",")
  return beforeSkuList.find(o => {
    //获取之前每个数组的对象
    if (skus.length > o.skus.length) {
      return skusId.indexOf(o.skusId) != -1
    }
    return o.skusId.indexOf(skusId) != -1
  })
}
```

（3）在 getTableData()方法返回数据之前，判断之前有没有设置过商品规格，示例代码如下。

```
function getTableData() {
  setTimeout(() => {
    //...
    skuTable.value = arr.map(skus => {
      //在赋值之前，判断之前有没有对象
      let o = skuCompare(JSON.parse(JSON.stringify(skus)), beforeSkuList)
      return {
        skus: skus,
        code: o?.code || "",
        cprice: o?.cprice || "0.00",
        goods_id: goodsId.value,
        image: o?.image || "",
        oprice: o?.oprice || "0.00",
        pprice: o?.pprice || "0.00",
        stock: o?.stock || 0,
        volume: o?.volume || 0,
        weight: o?.weight || 0
```

```
            }
        })
    }, 300);
}
```

注意：

本节内容相对抽象，本节视频中有相关代码的分解。

8.14 商品分类管理页面样式布局

本节将进入商品分类管理模块的开发，实现商品分类的添加、编辑、删除等功能，如图 8-12 所示。

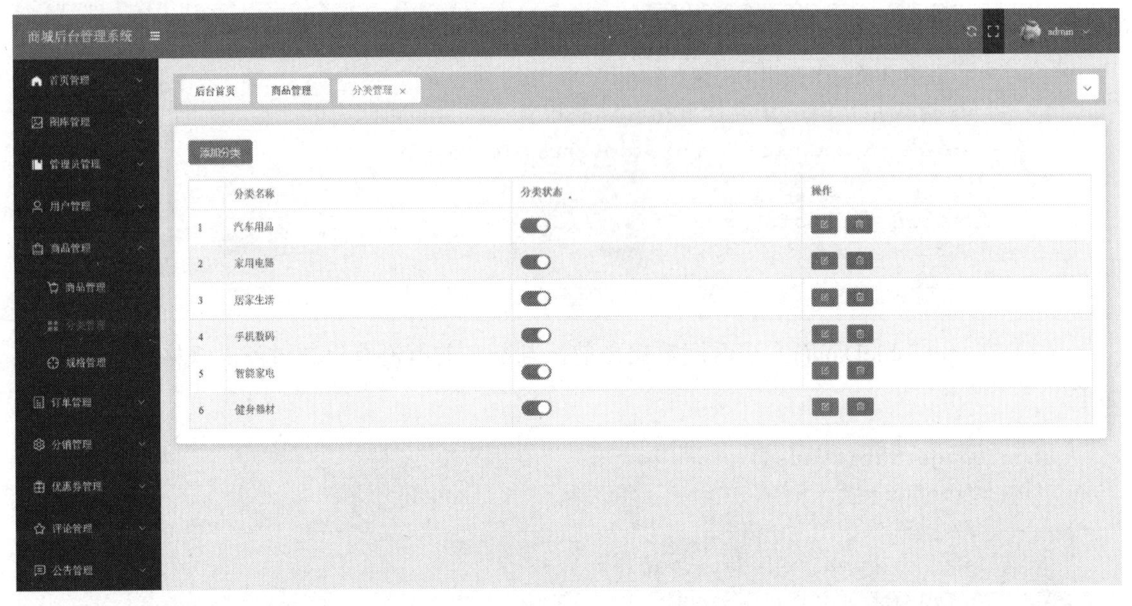

图 8-12

上述效果图使用 Element Plus 提供的 el-table 组件布局。在 views 目录下新建 cateList.vue 页面，视图层代码如下。

```
<template>
    <div>
        <el-card>
            <div>
                <el-button type="primary" >添加分类</el-button>
            </div>
            <el-table :data="tableData" style="width: 100%" stripe border>
                <el-table-column type="index" width="50" />
```

```
            <el-table-column prop="name" label="分类名称" />
            <el-table-column prop="name" label="分类状态">
                <template #default="scope">
                    <div>
                        <el-switch />
                    </div>
                </template>
            </el-table-column>
            <el-table-column prop="name" label="操作">
                <template #default="scope">
                    <div>
                        <el-button type="primary" :icon="Edit" />
                        <el-button type="danger" :icon="Delete" />
                    </div>
                </template>
            </el-table-column>
        </el-table>
    </el-card>
  </div>
</template>
```

CSS 样式代码如下。

```
<style lang='less' scoped>
.el-card {
   margin-top: 20px;
   .el-table {
      margin-top: 20px
   }
}
</style>
```

通过上述样式代码即可实现商品分类管理页面样式布局。

8.15　商品分类管理数据交互

本节将实现商品分类管理数据交互功能，后端接口文档信息如下。

请求 URL：admin/category

请求方式：GET

请求参数：无

返回示例：

```
{
   msg: "ok"
```

```
  data: [ {…}, {…}, {…}, … ]
}
```

商品分类管理数据交互功能的实现步骤如下。

（1）在 api 目录下新建 goodsCate.js 模块，用于存储和商品分类相关的 API，根据接口文档定义发送请求 API 的方法，示例代码如下。

```
//导入 axios
import request from '@/utils/request'
//获取商品分类列表
export const getGoodsCateFn=()=>{
   return request({
      url:'admin/category',
      method:'GET'
   })
}
```

（2）在 cateList.vue 分类管理页面引用 API 方法并定义表格数据源，示例代码如下。

```
import { getGoodsCateFn  } from '@/api/goodsCate.js'
import { ElMessage } from 'element-plus'
import { ref } from 'vue'
const tableData = ref([])
```

（3）调用获取商品分类的 API 方法，实现前后端数据交互，示例代码如下。

```
//获取商品分类
const getGoodsCate = async () => {
   const res = await getGoodsCateFn()
   console.log(res)
   if (res.msg && res.msg !== 'ok') {
      return ElMessage.error(res.msg)
   }
   tableData.value = res.data
}
getGoodsCate()
```

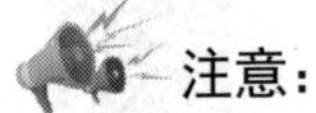

注意：

接口调用成功后，将后端返回的数据赋值给 tableData 表格数据源，在视图层进行渲染即可。

8.16 新增商品分类

本节将实现新增商品分类功能，如图 8-13 所示。

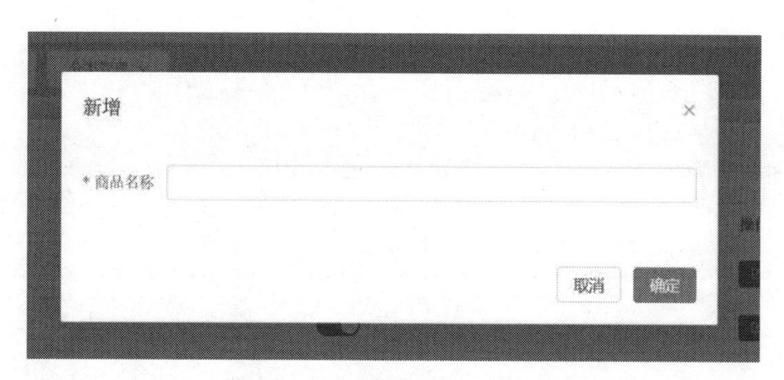

图 8-13

单击分类管理页面中的“添加分类”按钮，弹出“新增”对话框，新增商品分类后端接口文档信息如下。

请求 URL：admin/category

请求方式：POST

请求参数：

参 数 名	是否必选	类　型	说　明
name	是	String	分类名称

返回示例：

```
{
   msg: "ok"
   data: { name: "新增分类测试",  … }
}
```

新增商品分类功能的实现步骤如下。

（1）打开 api 目录下的 goodsCate.js 模块，根据接口文档定义发送请求 API 的方法，示例代码如下。

```
//新增商品分类
export const addGoodsCateFn=(name)=>{
   return request({
      url:'admin/category',
      method:'POST',
      data:{
         name
      }
   })
}
```

（2）定义 dialog 新增对话框并实现页面布局，示例代码如下。

```
<el-dialog v-model="dialogVisibleAddCate" :title="Tips" width="40%"
@close="closeDialog"
>
         <el-form ref="ruleFormRef" :model="ruleForm" :rules="rules">
```

```
        <el-form-item label="商品名称" prop="name">
            <el-input v-model="ruleForm.name" />
        </el-form-item>
    </el-form>
    <template #footer>
        <span class="dialog-footer">
            <el-button @click="dialogVisibleAddCate = false">
                取消
            </el-button>
            <el-button type="primary" @click="submitOk">
                确定
            </el-button>
        </span>
    </template>
</el-dialog>
```

（3）打开 dialog 新增对话框，视图层代码如下。

```
<el-button type="primary" @click="openDialog">添加分类</el-button>
```

数据层代码如下。

```
const openDialog = () => {
    ruleForm.name = ''
    Tips.value = '新增'
    dialogVisibleAddCate.value = true
}
```

（4）定义 dialog 新增对话框所需要的数据源，示例代码如下。

```
import { addGoodsCateFn } from '@/api/goodsCate.js'
//控制对话框的显示和隐藏
const dialogVisibleAddCate = ref(false)、
//动态绑定对话框标题
const Tips = ref('')
//用于获取 form 表单 DOM 元素
const ruleFormRef = ref(null)
//form 表单数据源对象
const ruleForm = reactive({
    name: ''
})
//form 表单验证规则
const rules = reactive({
    name: [
        { required: true, message: '请输入商品名称', trigger: 'blur' }

    ]
})
```

```
//重置表单数据
const closeDialog = () => {
   ruleFormRef.value.resetFields()
}
```

（5）单击对话框中的“确定”按钮调用 API 方法，实现新增功能，示例代码如下。

```
const submitOk = () => {
   ruleFormRef.value.validate(async isValid => {
      if (!isValid) return
      if (Tips.value == '新增') {
         const res = await addGoodsCateFn(ruleForm.name)
         console.log(res)
         if (res.msg && res.msg !== 'ok') {
            return
         }
         dialogVisibleAddCate.value = false
         ElMessage({
            message: '新增成功.',
            type: 'success',
         })
         getGoodsCate()
      }
      if (Tips.value == '编辑') {
        //...
      }
   })
}
```

注意：

由于新增商品分类和编辑商品分类使用同一个对话框，因此可通过对话框标题 Tips.value 判断需要调用的 API 的类型。

8.17　编辑商品分类

本节将实现编辑商品分类功能，后端接口文档信息如下。

请求 URL：admin/category/:id

请求方式：POST

请求参数：

参 数 名	是 否 必 选	类　型	说　明
id	是	String	分类 ID

返回示例：

```
{
   "msg": "ok",
   "data": true
}
```

编辑商品分类功能的实现步骤如下。

（1）打开 api 目录下的 goodsCata.js 模块，根据接口文档定义发送请求 API 的方法，示例代码如下。

```
Tips.valueexport const editGoodsCateFn=(id,name)=>{
   return request({
      url:'admin/category/${id}',
      method:'POST',
      data:{
         name
      }
   })
}
```

（2）单击“编辑”按钮弹出对话框，进行数据初始化，视图层代码如下。

```
<el-table-column prop="name" label="操作">
    <template #default="scope">
        <div>
             <el-button type="primary" :icon="Edit" size="small"
              @click="oppenDialogEdit(scope.row)"
             />
        </div>
    </template>
</el-table-column>
```

注意：

需要在调用打开编辑对话框方法的同时传入当前数据对象 scope.row。

数据层代码如下。

```
//定义常量接收分类 ID
const goodsCateId = ref(0)
const oppenDialogEdit = (row) => {
   Tips.value = '编辑'
   ruleForm.name = row.name
   goodsCateId.value = row.id
   dialogVisibleAddCate.value = true
}
```

（3）单击对话框中的“确定”按钮，调用 API 实现编辑功能，示例代码如下。

```
const submitOk = () => {
   ruleFormRef.value.validate(async isValid => {
      if (!isValid) return
      if (Tips.value == '新增') {
        //...
      }
      if (Tips.value == '编辑') {
         const res =
await editGoodsCateFn(goodsCateId.value, ruleForm.name)
         if (res.msg && res.msg !== 'ok') {
            return ElMessage.error(res.msg)
         }
         dialogVisibleAddCate.value = false
         ElMessage({
            message: '编辑成功.',
            type: 'success',
         })
         getGoodsCate()
      }
   })
}
```

通过上述 3 个步骤即可实现编辑商品分类功能。

8.18　删除商品分类

本节将实现删除商品分类功能，后端接口文档信息如下。

请求 URL：admin/category/:id/delete

请求方式：POST

请求参数：

参 数 名	是 否 必 选	类　型	说　明
id	是	Number	分类 ID

返回示例：

```
{
   "msg": "ok",
   "data": true
}
```

删除商品分类功能的实现步骤如下。

（1）打开 api 目录下的 goodsCate.js 模块，根据接口文档定义发送请求 API 的方法，示例代码如下。

```
export const delEditGoodsCate=(id)=>{
   return request({
      url:'admin/category/${id}/delete',
      method:'POST'
   })
}
```

（2）单击“删除”按钮，弹出“删除”对话框，视图层代码如下。

```
<el-table-column prop="name" label="操作">
    <template #default="scope">
       <div>
           <el-button type="danger" :icon="Delete"
            @click="delGoodsCate(scope.row.id)"
           />
       </div>
    </template>
</el-table-column>
```

数据层代码如下。

```
const delGoodsCate = async (id) => {
   const isdel = await ElMessageBox.confirm(
      '是否删除?',
      '删除',
      {
         confirmButtonText: '确定',
         cancelButtonText: '取消',
         type: 'warning',
      }
   ).catch(err => err)
   console.log(isdel)
   if (isdel !== 'confirm') {
      return
   }
   //...
}
```

代码解析：

调用 Element Plus 提供的 ElMessageBox 组件提示用户是否删除，用户单击“取消”按钮，则终止删除操作。

（3）单击“确定”按钮实现删除操作，示例代码如下。

```
const delGoodsCate = async (id) => {
   //...
   const res = await delEditGoodsCate(id)
```

```
    if (res.msg && res.msg !== 'ok') {
        return
    }
    ElMessage({
        message: '删除成功.',
        type: 'success',
    })
    getGoodsCate()
}
```

通过上述3个步骤即可实现删除商品分类功能。

8.19 修改商品分类启用状态

本节将实现修改商品分类启用状态功能，后端接口文档信息如下。

请求URL：admin/category/:id/update_status

请求方式：POST

请求参数：

参数名	是否必选	类型	说明
id	是	Number	分类ID
status	是	Number	启用状态（0,1）

返回示例：

```
{
    "msg": "ok",
    "data": true
}
```

修改商品分类状态功能的实现步骤如下。

（1）打开api目录下的goodsCate.js模块，根据接口文档定义发送请求API的方法，示例代码如下。

```
export const editGoodsCateStatus=(id,status)=>{
    return request({
        url:'admin/category/${id}/update_status',
        method:'POST',
        data:{
            status
        }
    })
}
```

（2）单击 switch 开关，调用 API 实现状态切换，视图层代码如下。

```
<template #default="scope">
    <div>
        <el-switch v-model="scope.row.status"
            :active-value="1"
            :inactive-value="0"
            @change="changeHandle(scope.row)"
        />
    </div>
</template>
```

数据层代码如下。

```
const changeHandle=async (row)=>{
    const res= await editGoodsCateStatus(row.id,row.status)
    if(res.msg&&res.msg!=='ok'){
        if(row.status==0){
            row.status=1
        }else if(row.status==1){
            row.status=0
        }
        ElMessage.error(res.msg)
        return
    }
    ElMessage({
        message: '状态修改成功.',
        type: 'success',
    })
}
```

第 9 章

订单管理

本章将介绍如何开发一个订单管理模块，以便管理员可以管理和维护商城的订单信息。通过对本章内容的学习，读者将掌握开发一个完整订单管理模块的技能，包括导出 Excel，查看订单信息、商品信息、收货信息，删除等。

9.1 商品订单管理页面布局

本节将实现商品订单管理页面布局功能，如图 9-1 所示。

图 9-1

在 views 目录下新建 Order.vue 订单管理组件，视图层代码如下。

```
<template>
    <div>
        <el-card>
            <el-tabs v-model="queryData.tab" @tab-change="getOrderList">
                <el-tab-pane label="全部" name="all"></el-tab-pane>
                <el-tab-pane label="待支付" name="nopay"></el-tab-pane>
                <el-tab-pane label="待发货" name="noship"></el-tab-pane>
                <el-tab-pane label="待收货" name="shiped"></el-tab-pane>
                <el-tab-pane label="已收货" name="received"></el-tab-pane>
                <el-tab-pane label="已完成" name="finish"></el-tab-pane>
                <el-tab-pane label="已关闭" name="closed"></el-tab-pane>
                <el-tab-pane label="退款中" name="refunding"></el-tab-pane>
            </el-tabs>
            <el-row :gutter="30">
                <el-col :span="6">
                    <el-input placeholder="请输入订单号" >
                        <template #append>
                            <el-button :icon="Search" />
                        </template>
                    </el-input>
                </el-col>
            </el-row>
            <el-row style="margin-top:15px">
                <el-col>
                    <el-button type="danger" >批量删除</el-button>
                    <el-button type="primary" >导出订单</el-button>
                </el-col>
            </el-row>
            <el-table :data="tableData"  border  stripe>
                <el-table-column type="selection" width="55" />
                <el-table-column label="商品信息">
                    <template #default="scope">
                        <div class="goodsTitle">
                            <span >订单号: </span>
                            <span>下单时间: </span>
                            <div >
                                <el-avatar fit="cover" :src=" />
                                <h1></h1>
                            </div>
                        </div>
                    </template>
                </el-table-column>
                <el-table-column label="实付款" align="center" />
                <el-table-column label="购买会员" align="center" />
```

```
            <el-table-column label="交易状态">
                <template #default="{ row }">
                    <div style="margin-bottom: 15px;">
                        付款状态：
                        <el-tag type="success" >微信支付</el-tag>
                        <el-tag >支付宝支付</el-tag>
                        <el-tag type="info">未支付</el-tag>
                    </div>
                    <div style="margin-bottom: 15px;">
                        发货状态：
                        <el-tag ></el-tag>
                    </div>
                    <div>
                        收货状态：
                        <el-tag></el-tag>
                    </div>
                </template>
            </el-table-column>
            <el-table-column label="操作" align="center">
                <template #default="{ row }">
                    <el-tag >订单详情</el-tag>
                    <el-tag type="warning" >订单发货</el-tag>
                    <el-tag type="warning" >同意退款</el-tag>
                    <el-tag>拒绝退款</el-tag>
                </template>
            </el-table-column>
        </el-table>
    </el-card>
  </div>
</template>
```

代码解析：

上述代码通过 el-tabs 进行订单状态切换，通过 el-table 组件渲染商品订单数据。

在 el-table 组件中渲染商品信息、实付款、购买会员、交易状态以及操作等内容，其中交易状态列包括付款状态、发货状态、收货状态，操作列包括订单详情、订单发货、同意退款和拒绝退款操作。

CSS 样式代码如下。

```
<style lang='less' scoped>
.el-card {
  margin-top: 20px
}
.el-table {
  margin-top: 20px
}
```

```
:deep(.addDialog) {
   height: 460px !important;
   overflow-y: auto;
}
.editClass {
   display: flex;
}
.orderMian {
   border: 1px solid #dbdbdb;
   line-height: 35px;
   padding: 10px;
   box-sizing: border-box;
   .orderTop {
      font-weight: bold;
   }
   .orderCon {
      border-bottom: 1px solid #dbdbdb;
      padding-bottom: 10px;
      margin-bottom: 10px;
      box-sizing: border-box;
   }
}
</style>
```

通过上述代码即可实现商品订单管理页面布局功能。

9.2 商品订单列表数据交互

本节将实现商品订单列表数据交互功能，接口文档信息如下。

请求 URL：admin/order/:page?tab=all

请求方式：GET

请求参数：

参数名	是否必选	类型	说明
tab	是	String	订单类型
no	否	String	订单号
starttime	否	String	开始时间
endtime	否	String	结束时间

返回示例：

```
{
   msg: "ok"
```

```
    data: { list: (10) […], totalCount: 555 }
}
```

商品订单列表数据交互功能的实现步骤如下。

（1）在 api 目录下新建 order.js 模块，用于存储和订单相关的 API，根据接口文档定义发送请求 API 的方法，示例代码如下。

```
import request from '@/utils/request'
export const getOrderListFn = (page, params) => {
   return request({
       url:'admin/order/${page}',
       method: 'GET',
       params

   })
}
```

（2）定义 API 的查询参数及数据源，示例代码如下。

```
//查询参数
const queryData = reactive({
   //订单类型
   //all 表示全部
   //nopay 表示待支付
   //noship 表示待发货
   //shiped 表示待收货
   //received 表示已收货
   //finish 表示已完成
   //closed 表示已关闭
   //refunding 表示退款中
   tab: 'all',
   //订单号
   no: ''
})
//table 数据源（商品列表）
const tableData = ref([])
//分页页码
const page = ref(1)
```

（3）调用 API 获取订单列表，示例代码如下。

```
//获取订单列表
const getOrderList = async () => {
   const res = await getOrderListFn(page.value, queryData)
   console.log(res)
   if (res.msg && res.msg !== 'ok') {
       return ElMessage.error(res.msg)
```

```
    }
    tableData.value = res.data.list
}
getOrderList()
```

视图层循环遍历 tableData 数据源即可展示商品订单信息，在视图层中要重点注意表格中交易状态列和操作列的数据渲染。

交易状态列包括付款状态、发货状态、收货状态。

付款状态通过 payment_method 属性判断，发货状态通过 ship_data 属性判断，收货状态通过 ship_status 属性判断。

交易状态的视图层渲染代码如下。

```
<el-table-column label="交易状态">
      <template #default="{ row }">
          <div style="margin-bottom: 15px;">
              付款状态：
              <el-tag v-if="row.payment_method == 'wechat'"
                  type="success" size="small">微信支付</el-tag>
              <el-tag v-else-if="row.payment_method == 'alipay'"
                  size="small">支付宝支付</el-tag>
              <el-tag v-else type="info" size="small">未支付</el-tag>
          </div>
          <div style="margin-bottom: 15px;">
              发货状态：
              <el-tag :type="row.ship_data ? 'success' : 'info'" >
                  {{ row.ship_data ? '已发货' : '未发货' }}
              </el-tag>
          </div>
          <div>
              收货状态：
              <el-tag
:type="row.ship_status == 'received' ? 'success' : 'info'"
>
{{row.ship_status == 'received' ? '已收货' : '未收货' }}
</el-tag>
          </div>
      </template>
  </el-table-column>
```

操作列包括订单详情、订单发货、同意退款、拒绝退款 4 项，不同的订单状态显示不同的操作内容，示例代码如下。

```
<el-table-column label="操作" align="center">
      <template #default="{ row }">
          <el-tag @click="openOrderDetails(row)">订单详情</el-tag>
```

```
        <el-tag v-if="queryData.tab == 'noship'" type="warning"
           @click="orderSend(row.id)">订单发货</el-tag>
        <el-tag type="warning" v-if="queryData.tab == 'refunding'"
           @click="refundHandle(row.id, 1)">同意退款</el-tag>
        <el-tag type="warning" v-if="queryData.tab == 'refunding'"
           @click="refundHandle(row.id, 0)">拒绝退款</el-tag>
    </template>
</el-table-column>
```

9.3　订单详情管理

本节实现订单详情管理功能，通过订单详情管理可查看订单信息、商品信息、发货信息、收货信息等内容，如图 9-2 所示。

订单信息

订单号：20211111114053126901

付款方式：

下单时间：2023-03-29 21:37:14

商品信息

商品名称：手机测试

商品价格：0.10

商品数量：1

商品规格：标准套餐　L

商品总价：0.10

收货信息

收货人：zxh5566

联系方式：15822222222

联系地址：北京市市辖区西城区123456678

图 9-2

订单详情管理功能的实现步骤如下。

（1）单击“订单详情”按钮，弹出对话框，实现页面布局，视图层代码如下。

```
<el-table-column label="操作" align="center">
    <template #default="{ row }">
```

```
        <el-tag @click="openOrderDetails(row)">订单详情</el-tag>
    </template>
</el-table-column>
```

“订单详情”对话框的代码如下。

```
<el-dialog
    v-model="dialogVisibleOrder" title="订单详情" >
    <div class="orderMian">
        <div>
            <div class="orderTop">订单信息</div>
            <div class="orderCon">
                订单号： <br>
                付款方式： <br>
                下单时间：
            </div>
        </div>
    <div>
</el-dialog>
```

（2）定义订单详情的数据源对象，示例代码如下。

```
const dialogVisibleOrder = ref(false)
//订单详情信息
const orderInfo = reactive({
    data: {}
})
```

（3）打开对话框并初始化多规格数据，示例代码如下。

```
//打开“订单详情”对话框
const openOrderDetails = (row) => {
    row.order_items = row.order_items.map(item => {
        if (item.skus_type == 1 && item.goods_skus) {
            let arr = []
            //多规格
            //重点是循环遍历对象，获取每个对象的 value 值
            for (const key in item.goods_skus.skus) {
                //获取每个对象的 value 值
                arr.push(item.goods_skus.skus[key].value)
            }
            item.skuValue=arr
        }
        return item
    })
    orderInfo.data = row
    dialogVisibleOrder.value = true
}
```

（4）通过 v-if 判断需要渲染的订单详情数据，示例代码如下。

```
<el-dialog v-model="dialogVisibleOrder" title="订单详情" width="40%">
      <div class="orderMian">
        <div>
          <div class="orderTop">订单信息</div>
          <div class="orderCon">
            订单号：{{ orderInfo.data.no }}<br>
            付款方式：{{ orderInfo.data.payment_method }}<br>
            下单时间：{{ orderInfo.data.update_time }}
          </div>
        </div>
        <div>
          <div class="orderTop">商品信息</div>
          <div class="orderCon">
            <div v-for="(item, i) in orderInfo.data.order_items"
              :key="i"
              >
              商品名称：
{{ item.goods_item ? item.goods_item.title : '不存在' }}<br>
              商品价格：{{ item.price }}<br>
              商品数量：{{ item.num }}<br>
              <span v-if="item.skuValue">
                商品规格：
                <el-tag v-for="(sub, index) in item.skuValue"
                  :key="index" >
                  {{ sub }}
                </el-tag>
              </span>
            </div>
            商品总价：{{ orderInfo.data.total_price }}
          </div>
        </div>
        <div v-if="orderInfo.data.ship_data">
          <div class="orderTop">发货信息</div>
          <div class="orderCon">
            物流公司：
              {{ orderInfo.data.ship_data.express_company }}<br>
            运单号：{{ orderInfo.data.ship_data.express_no }}<br>
          </div>
        </div>
        <div v-if="orderInfo.data.address">
          <div class="orderTop">收货信息</div>
          <div class="orderCon">
            收货人：{{ orderInfo.data.address.name }}<br>
            联系方式：{{ orderInfo.data.address.phone }}<br>
```

```
                联系地址：
                  {{orderInfo.data.address.province +
                  orderInfo.data.address.city +
                  orderInfo.data.address.district +
                  orderInfo.data.address.address }}
            </div>
        </div>
    </div>
</el-dialog>
```

通过上述 4 个步骤即可实现订单详情管理功能。

9.4 批量删除订单

本节将实现批量删除订单功能，接口文档信息如下。

请求 URL：admin/order/delete_all

请求方式：POST

请求参数：

参 数 名	是 否 必 选	类 型	说 明
ids	是	Array	由 ID 组成的数组

返回示例：

```
{
    "msg": "ok",
    "data": 0
}
```

批量删除订单功能的实现步骤如下。

（1）打开 api 目录下的 order.js 模块，根据接口文档定义发送请求 API 的方法，示例代码如下。

```
export const delOrders=(ids)=>{
    return request({
        url:'admin/order/delete_all',
        method:'POST',
        data:{
            ids
        }
    })
}
```

（2）为 el-table 绑定 selection-change 事件，获取 ID 数组，视图层代码如下。

```
<el-table :data="tableData"  @selection-change="selectOrders" border stripe>
    <el-table-column type="selection" width="55" />
</el-table>
```

数据层代码如下。

```
const delParams = ref([])
//批量选择
const selectOrders = (val) => {
   delParams.value = val.map(item => item.id)
}
```

（3）单击“批量删除”按钮，调用 API 实现批量删除操作，视图层代码如下。

```
<el-button type="danger" @click="delOrderHandle">批量删除</el-button>
```

数据层代码如下。

```
const delOrderHandle = async () => {
   const res = await delOrders(delParams.value)
   if (res.msg && res.msg !== 'ok') {
      return ElMessage.error(res.msg)
   }
   getOrderList()
}
```

9.5 导出订单列表到 Excel 表格

本节将实现导出订单列表到 Excel 表格的功能，如图 9-3 所示。

图 9-3

导出订单接口文档信息如下。

请求 URL：admin/order/excelexport?tab=all

请求方式：POST

请求参数：

参 数 名	是 否 必 选	类 型	说 明
tab	是	String	订单类型
starttime	否	String	开始时间
endtime	否	String	结束时间

返回示例：

```
{
  Blob { size: 6406,
type: "application/vnd.openxmlformats-officedocument.spreadsheetml.sheet"
}
```

实现步骤如下。

（1）打开 api 目录下的 order.js 模块，根据接口文档定义发送请求 API 的方法，示例代码如下。

```
export const exportOrderList = (tab, starttime, endtime) => {
   return request({
      url:
'admin/order/excelexport?tab=${tab}&starttime=${starttime}&endtime=
${endtime}',
      method: 'POST',
      responseType: 'blob'
   })
}
```

（2）定义接口的查询参数及订单类型数据，示例代码如下。

```
//查询参数
const formData = reactive({
   tab: 'all',
   time: ''
})
//订单类型
const orderStatus = [{
   value: "all",
   name: "全部"
}, {
   value: "nopay",
   name: "待支付"
}, {
   value: "noship",
   name: "待发货"
}, {
   value: "shiped",
```

```
    name: "待收货"
}, {
    value: "received",
    name: "已收货"
}, {
    value: "finish",
    name: "已完成"
}, {
    value: "closed",
    name: "已关闭"
}, {
    value: "refunding",
    name: "退款中"
}]
//"导出订单"对话框默认关闭
const dialogVisible = ref(false)
```

（3）打开对话框并实现页面布局，打开对话框的视图层代码如下。

```
<el-button type="primary" @click="openDialog">导出订单</el-button>
```

数据层代码如下。

```
//打开对话框
const openDialog = () => {
   dialogVisible.value = true
}
```

对话框布局的代码如下。

```
<el-dialog v-model="dialogVisible" title="导出订单" width="40%">
       <el-form :model="formData" label-width="120px">
           <el-form-item label="订单类型">
               <el-select v-model="formData.tab" >
                   <el-option v-for="(item, i) in orderStatus"
:key="i" :label="item.name" :value="item.value" />
               </el-select>
           </el-form-item>
           <el-form-item label="时间范围">
               <el-date-picker v-model="formData.time" type="daterange"
range-separator="To" start-placeholder="开始时间"
                   end-placeholder="结束时间"
value-format="YYYY-MM-DD" />
           </el-form-item>
       </el-form>
       <template #footer>
           <span class="dialog-footer">
               <el-button @click="dialogVisible = false">取消</el-button>
               <el-button type="primary" @click="submitOk" >
```

```
                导出 Excel
            </el-button>
        </span>
    </template>
</el-dialog>
```

（4）单击“导出 Excel”按钮，调用 API 方法实现导出功能，示例代码如下。

```
//导出 Excel
const submitOk = async () => {
    console.log(formData.time)
    let starttime = null
    let endtime = null
    if (formData.time && Array.isArray(formData.time)) {
        //表示选择了时间段
        starttime = formData.time[0]
        endtime = formData.time[1]
    }
    //调用接口方法
    const res = await exportOrderList(formData.tab, starttime, endtime)
    //如何将 res 变成文件下载下来
    //url 是下载地址
    let url = window.URL.createObjectURL(new Blob([res]))
    //创建 a 标签
    let link = document.createElement("a")
    //隐藏 a 标签
    link.style.display = "none"
    //设置 a 标签的 href 属性
    link.href = url
    //设置文件名
    let filename = (new Date()).getTime() + ".xlsx"
    //设置 a 标签的属性
    link.setAttribute("download", filename)
    //将 a 标签追加到 body 标签之下
    document.body.appendChild(link)
    //单击 a 标签
    link.click()
    //隐藏对话框
    dialogVisible.value = false
}
```

通过上述 4 个步骤即可实现导出订单列表到 Excel 的功能。

第 10 章

优惠券管理

本章将介绍如何开发一个优惠券管理模块，以便于管理员可以管理和维护商城的优惠券信息。通过对本章内容的学习，读者将了解在实际项目中处理优惠券信息的逻辑和流程。

10.1　优惠券管理页面样式布局

本节将实现优惠券管理页面样式布局功能，效果图如图 10-1 所示。

图 10-1

在 views 目录下新建 Coupon.vue 组件作为优惠券列表页面，Coupon.vue 组件视图层代码如下。

```
<el-card>
    <div>
        <el-button type="primary" size="small" @click="oppenDialog">
            新增
        </el-button>
    </div>
    <el-table :data="tableData" style="width: 100%" stripe>
        <el-table-column label="优惠券名称" width="330">
            <template #default="scope">
                <div :class="scope.row.statusVal == '领取中' ? 'coupon' :
'coupon1'">
                    <h1>{{ scope.row.name }}</h1>

<span>{{ scope.row.start_time }}~~{{ scope.row.end_time }}</span>
                </div>
            </template>
        </el-table-column>
        <el-table-column prop="statusVal" label="状态" />
        <el-table-column prop="min_price" label="优惠">
            <template #default="scope">
                <div>
                    <span v-if="scope.row.type == 0">
                        满减 ￥{{ scope.row.value }}
                    </span>
                    <span v-if="scope.row.type == 1">
                        折扣 {{ scope.row.value }}折
                    </span>
                </div>
            </template>
        </el-table-column>
        <el-table-column prop="total" label="发放数量" />
        <el-table-column prop="used" label="已使用" />
        <el-table-column label="操作">
            <template #default="scope">
                <div>


                    <el-button
                        v-if="scope.row.statusVal == '未开始'"
                        type="primary" :icon="Edit"
                        @click="oppenEdit(scope.row)" size="small"
                    />
                    <el-button
```

```
                v-if="scope.row.statusVal !== '领取中'"
                type="danger" :icon="Delete"
                @click="delCoupon(scope.row.id)" size="small"
                />
            <el-button
                v-if="scope.row.statusVal == '领取中'"
                type="warning"
                size="small"
                @click="couponEnd(scope.row.id)">
                    失效
            </el-button>
        </div>
      </template>
    </el-table-column>
  </el-table>
</el-card>
```

代码解析：

上述代码通过 el-table 组件渲染优惠券数据，通过:data 绑定数据源。

CSS 样式代码如下。

```
<style lang='less' scoped>
.el-card {
   margin-top: 20px;
   .el-table {
      margin-top: 10px
   }
}
.coupon {
   width: 300px;
   height: 65px;
   background: #ecf5ff;
   border: 1px solid #61aeff;
   border-radius: 5px;
   padding-top: 8px;
   padding-left: 10px;
   box-sizing: border-box;
   color: #61aeff;
   h1 {
      font-size: 15px;
      font-weight: bold;
      margin: 0;
      padding: 0;
   }
}
.coupon1 {
```

```
    width: 300px;
    height: 65px;
    background: #f4f4f5;
    border: 1px solid #cdced1;
    border-radius: 5px;
    padding-top: 5px;
    padding-left: 10px;
    box-sizing: border-box;
    color: #cdced1;
    h1 {
        font-size: 15px;
        font-weight: bold;
        margin: 0;
        padding: 0;
    }
}
.valueStyle {
    width: 182px;
}
</style>
```

代码解析：

.coupon 样式表示“领取中”状态的优惠券，.coupon1 样式表示“已结束”“未开始”“已失效”状态的优惠券。

10.2 优惠券列表数据交互

本节将实现优惠券列表数据交互功能，获取优惠券列表数据接口文档信息如下。

请求 URL：admin/coupon/:page

请求方式：POST

请求参数：

参 数 名	是否必选	类 型	说 明
page	是	Number	分页页码

返回示例：

```
{
   data: { list: (9) […], totalCount: 9 }
   msg: "ok"
}
```

优惠券列表数据交互功能的实现步骤如下。

（1）在 api 目录下新建 coupon.js 模块，用于存储和优惠券相关的 API，在 coupon.js 模块中根据接口文档定义发送请求 API 的方法，示例代码如下。

```
import request from '@/utils/request'
//获取优惠券列表
export const getCouponListFn=(page)=>{
    return request({
        url:'admin/coupon/${page}',
        method:'GET'
    })
}
```

（2）定义判断优惠券状态的方法。领取中、未开始、已结束、已失效这 4 个优惠券状态是动态判断的，示例代码如下。

```
//判断优惠券状态
function couPonStatus(row) {
    let state = "领取中"
    let start_time = (new Date(row.start_time)).getTime()
    let now = (new Date()).getTime()
    let end_time = (new Date(row.end_time)).getTime()
    if (start_time > now) {
        state = "未开始"
    } else if (end_time < now) {
        state = "已结束"
    } else if (row.status == 0) {
        state = "已失效"
    }
    return state
}
```

（3）调用 API 方法，获取优惠券数据，示例代码如下。

```
//优惠券列表数据源
const tableData = ref([])
//获取数据
const getCouponList = async () => {
    const res = await getCouponListFn(1)
    console.log(res)
    if (res.msg && res.msg !== 'ok') {
        return ElMessage.error(res.msg)
    }
    tableData.value = res.data.list.map(item => {
        //为服务器返回的数组追加一个 statusVal 优惠券状态属性
        item.statusVal = couPonStatus(item)
        return item
    })
```

```
}
getCouponList()
```

代码解析：

获取服务器端返回的数组之后，调用 map 方法为数组追加 statusVal 优惠券状态属性，statusVal 属性的值通过调用 couPonStatus()方法进行动态判断。

10.3 新增优惠券

本节将实现新增优惠券功能，新增优惠券功能的效果图如图 10-2 所示。

图 10-2

新增优惠券功能后端接口文档信息如下。

请求 URL：admin/coupon

请求方式：POST

请求参数：

参 数 名	是 否 必 选	类 型	说 明
name	是	String	优惠券名称
type	是	Number	类型（0 表示满减，1 表示折扣）
value	是	Number	面值

续表

参 数 名	是否必选	类　型	说　明
total	是	Number	优惠券数量
min_price	是	Number	最低使用价格
desc	是	String	描述
start_time	是	TimeStamp	开始时间
end_time	是	TimeStamp	结束时间
order	是	Number	排序

返回示例：

```
{
   msg: "ok"
   data: { name: "优惠券测试", type: 0, value: "10", … }
}
```

新增优惠券功能的实现步骤如下。

（1）打开 api 目录下的 coupon.js 模块，根据接口文档定义发送请求 API 的方法，示例代码如下。

```
//新增优惠券
export const addCouponFn=(data)=>{
   return request({
      url:'admin/coupon',
      method:'POST',
      data
   })
}
```

（2）布局“新增”对话框的 form 表单，示例代码如下。

```
<el-dialog v-model="dialogVisible" :title="TipsTitle" width="40%">
      <el-form :model="formData" label-width="120px">
         <el-form-item label="优惠券名称">
            <el-input v-model="formData.name" />
         </el-form-item>
         <el-form-item label="类型">
            <el-radio-group v-model="formData.type">
               <el-radio :label="0" border>满减</el-radio>
               <el-radio :label="1" border>折扣</el-radio>
            </el-radio-group>
         </el-form-item>
         <el-form-item label="面值">
            <el-input
               v-model="formData.value"
               class="valueStyle"
```

```
            type="number" :min="0"
        >
            <template #append>
                {{ formData.type == 0 ? '元' : '折' }}
            </template>
        </el-input>
    </el-form-item>
    <el-form-item label="数量">
        <el-input-number
            v-model="formData.total" :min="1" :max="1000"
        />
    </el-form-item>
    <el-form-item label="最低使用价格">
        <el-input
          v-model="formData.min_price"
          class="valueStyle" type="number" :min="0"
        >
            <template #append>元</template>
        </el-input>
    </el-form-item>
    <el-form-item label="描述">
        <el-input v-model="formData.desc"
          :autosize="{ minRows: 2, maxRows: 4 }" type="textarea"
        />
    </el-form-item>
    <el-form-item label="活动时间">
        <el-date-picker v-model="dataTime"
          value-format="YYYY-MM-DD HH:mm:ss"
          type="datetimerange"
          range-separator="To"
          start-placeholder="开始时间"
          end-placeholder="结束时间" :editable="false"
        />
    </el-form-item>
    <el-form-item label="排序">
        <el-input-number
              v-model="formData.order" :min="1" :max="1000"
        />
    </el-form-item>
</el-form>
<template #footer>
    <span class="dialog-footer">
        <el-button @click="dialogVisible = false">取消</el-button>
        <el-button type="primary" @click="addCouponOk">
            确定
        </el-button>
```

```
        </span>
    </template>
</el-dialog>
```

代码解析：

在 el-form 表单组件中，通过:model 属性绑定数据源，优惠券有效期通过 el-date-picker 组件实现。

（3）定义 form 表单数据源，示例代码如下。

```
//form 表单数据源
const formData = reactive({
    name: '',
    type: 0,
    value: 0,
    total: 100,
    min_price: 1,
    start_time: null,
    end_time: null,
    desc: '',
    order: 1
})
//优惠券 ID
const id = ref(0)
//对话框标题
const TipsTitle = ref('')
//对话框默认隐藏
const dialogVisible = ref(false)
```

（4）单击“新增”按钮弹出对话框，初始化数据，示例代码如下。

```
const oppenDialog = () => {
    TipsTitle.value = '新增'
    formData.name = ''
    formData.type = 0
    formData.value = 0
    formData.total = 100
    formData.min_price = 1
    formData.start_time = null
    formData.end_time = null
    formData.desc = ''
    formData.order = 1
    dialogVisible.value = true
}
```

（5）使用 el-date-picker 组件设置优惠券的有效期，数据层示例代码如下。

```
<el-form-item label="活动时间">
```

```
        <el-date-picker
          v-model="dataTime"
          format="YYYY-MM-DD HH:mm:ss"
          type="datetimerange" range-separator="To"
          start-placeholder="开始时间"
          end-placeholder="结束时间"
          :editable="false"
/>
</el-form-item>
```

代码解析：

通过 v-model 设置优惠券的开始时间和结束时间，通过 format 属性设置时间的显示格式。

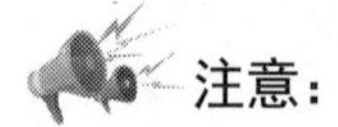

注意：

由于 v-model 的属性值是数组，不能直接绑定 form 表单数据源，可采用计算属性的形式绑定数据源，示例代码如下。

```
const dataTime = computed({
   get() {
      return formData.start_time && formData.end_time ?
[formData.start_time, formData.end_time] : []
   },
   set(val) {
      formData.start_time = val[0]
      formData.end_time = val[1]
   }
})
```

（6）单击“确定”按钮，调用 API 实现新增功能，示例代码如下。

```
//提交之前将开始时间和结束时间转成时间戳格式
const beforeSubmit = (data) => {
   data.start_time = (new Date(data.start_time)).getTime()
   data.end_time = (new Date(data.end_time)).getTime()
   return data
}
//确定新增
const addCouponOk = async () => {
   beforeSubmit(formData)
   if (TipsTitle.value == '新增') {
      const res = await addCouponFn(formData)
      console.log(res)
      if (res.msg && res.msg !== 'ok') {
         return ElMessage.error(res.msg)
      }
      dialogVisible.value = false
```

```
    getCouponList()
  } else if (TipsTitle.value == '编辑') {
    //...
  }
}
```

注意：

在调用新增 API 方法之前应先定义方法，将优惠券的开始时间和结束时间转成时间戳格式的数据。

10.4　修改优惠券信息

本节将实现修改优惠券信息的功能，对于状态为“未开始”的优惠券可以对其进行修改，修改优惠券信息接口文档信息如下。

请求 URL：admin/coupon/:id

请求方式：POST

请求参数：

参 数 名	是 否 必 选	类　　型	说　　明
name	是	String	优惠券名称
type	是	Number	类型（0 表示满减，1 表示折扣）
value	是	Number	面值
total	是	Number	优惠券数量
min_price	是	Number	最低使用价格
desc	是	String	描述
start_time	是	TimeStamp	开始时间
end_time	是	TimeStamp	结束时间
order	是	Number	排序

返回示例：

```
{
  "msg": "ok",
  "data": true
}
```

修改优惠券信息功能的实现步骤如下。

（1）打开 api 目录下的 coupon.js 模块，根据接口文档定义发送请求 API 的方法，示例代码如下。

```
export const editCouponFn=(id,data)=>{
```

```
    return request({
        url:'admin/coupon/${id}',
        method:'POST',
        data
    })
}
```

（2）单击“编辑”按钮，弹出“编辑”对话框初始化数据，视图层代码如下。

```
<el-table-column label="操作">
    <template #default="scope">
        <div>
            <el-button
             v-if="scope.row.statusVal=='未开始'"
             type="primary" :icon="Edit"
             @click="oppenEdit(scope.row)" size="small" />
        </div>
    </template>
</el-table-column>
```

数据层代码如下。

```
const oppenEdit = (row) => {
    TipsTitle.value = '编辑'
    id.value = row.id
    formData.name = row.name
    formData.type = row.type
    formData.value = row.value
    formData.total = row.total
    formData.min_price = row.min_price
    formData.start_time = row.start_time
    formData.end_time = row.end_time
    formData.desc = row.desc
    formData.order = row.order
    dialogVisible.value = true
}
```

（3）单击“确定”按钮，调用 API 方法实现编辑功能，示例代码如下。

```
const addCouponOk = async () => {
    beforeSubmit(formData)
    if (TipsTitle.value == '新增') {
        //...
    } else if (TipsTitle.value == '编辑') {
        const res = await editCouponFn(id.value, formData)
        if (res.msg && res.msg !== 'ok') {
            return ElMessage.error(res.msg)
```

```
    }
    dialogVisible.value = false
    getCouponList()
  }
}
```

10.5　删除优惠券

本节将实现删除优惠券功能，删除优惠券功能接口文档信息如下。

请求 URL：admin/coupon/:id/delete

请求方式：POST

请求参数：

参 数 名	是 否 必 选	类　　型	说　　明
id	是	Number	优惠券 ID

返回示例：

```
{
  "msg": "ok",
  "data": true
}
```

删除优惠券功能的实现步骤如下。

（1）打开 api 目录下的 coupon.js 模块，根据接口文档定义发送请求 API 的方法，示例代码如下。

```
export const delCouponFn=(id)=>{
  return request({
    url:'admin/coupon/${id}/delete',
    method:'POST'
  })
}
```

（2）单击“删除”按钮，弹出“删除”对话框，单击“确定”按钮调用删除 API 方法，数据层示例代码如下。

```
<el-table-column label="操作">
    <template #default="scope">
        <div>
            <el-button
                v-if="scope.row.statusVal!=='领取中'"
                type="danger" :icon="Delete"
                @click="delCoupon(scope.row.id)" size="small" />
```

```
      </div>
    </template>
</el-table-column>
```

数据层代码如下。

```
const delCoupon = async (id) => {
    //是否删除
    const isdel = await ElMessageBox.confirm(
        '是否删除?',
        '删除',
        {
            confirmButtonText: '确定',
            cancelButtonText: '取消',
            type: 'warning',
        }
    ).catch(err => err)
    console.log(isdel)
    if (isdel !== 'confirm') {
        return
    }
    const res = await delCouponFn(id)
    if (res.msg && res.msg !== 'ok') {
        return ElMessage.error(res.msg)
    }
    ElMessage({
        message: '删除成功',
        type: 'success',
    })
    getCouponList()
}
```

10.6 设置优惠券失效

本节将实现设置优惠券失效功能，对状态为“领取中”的优惠券，可以为其设置终止操作，接口文档信息如下。

请求 URL：admin/coupon/:id/update_status

请求方式：POST

请求参数：

参数名	是否必选	类型	说明
id	是	Number	URL 参数
status	是	Number	body 参数（0 为失效）

返回示例：

```
{
   "msg": "ok",
   "data": true
}
```

设置优惠券失效功能的实现步骤如下。

（1）打开 api 目录下的 coupon.js 模块，根据接口文档定义发送请求 API 的方法，示例代码如下。

```
export const endCouponFn=(id)=>{
   return request({
      url:'admin/coupon/${id}/update_status',
      method:'POST',
      data:{
         status:0
      }
   })
}
```

（2）单击“失效”按钮，弹出“失效”对话框，单击“确定”按钮，调用失效 API 方法，视图层代码如下。

```
<el-table-column label="操作">
    <template #default="scope">
        <div>
            <el-button
                v-if="scope.row.statusVal=='领取中'"
                type="warning" size="small"
                @click="couponEnd(scope.row.id)">失效
            </el-button>
        </div>
    </template>
</el-table-column>
```

数据层代码如下。

```
const couponEnd = async (id) => {
   const isdel = await ElMessageBox.confirm(
      '是否停止该优惠券？',
      '失效',
      {
         confirmButtonText: '确定',
         cancelButtonText: '取消',
         type: 'warning',
      }
```

```
    ).catch(err => err)
    console.log(isdel)
    if(isdel!=='confirm'){
        return
    }
    //调用失效 API
    const res=await endCouponFn(id)
    if(res.msg&&res.msg!=='ok'){
        return ElMessage.error(res.msg)
    }
    ElMessage({
        message: '该优惠券已失效',
        type: 'success',
    })
    getCouponList()
}
```

通过上述步骤即可实现优惠券失效功能。

第 11 章

商品评论管理

本章将介绍如何开发一个商品评论管理模块，以便管理员可以管理和维护商品的评论信息。商品评论管理模块包括回复评论、修改回复内容、控制是否显示用户评论等功能。

11.1　商品评论管理页面样式布局

本节将实现商品评论管理页面样式布局功能，效果图如图 11-1 所示。

图 11-1

在 views 目录下新建 Comment.vue 页面，视图层代码如下。

```
<template>
  <div>
    <el-card>
      <el-col :span="6">
        <el-input placeholder="请输入商品名称" >
          <template #append>
            <el-button :icon="Search" />
          </template>
        </el-input>
      </el-col>
      <el-table :data="tableData" style="width: 100%" border stripe >
        <el-table-column type="expand">
          <template #default="scope">
          </template>
        </el-table-column>
        <el-table-column label="商品">
          <template #default="scope">
          </template>
        </el-table-column>
        <el-table-column label="评分">
          <template #default="scope">
          </template>
        </el-table-column>
        <el-table-column prop="review_time" label="评价时间" />
        <el-table-column label="是否显示评价">
          <template #default="scope">
          </template>
        </el-table-column>
      </el-table>
    </el-card>
  </div>
</template>
```

CSS 样式代码如下。

```
<style lang='less' scoped>
.el-card {
  margin-top: 20px;
  .el-table {
    margin-top: 20px;
  }
  .avatar {
    display: flex;
    align-items: center;
    .el-avatar {
```

```
            margin-right: 15px;
        }
    }
}
</style>
```

通过上述代码即可实现商品评论管理页面样式布局。

11.2　渲染商品评论列表

本节将实现渲染商品评论列表功能，后端接口文档信息如下。

请求 URL：admin/goods_comment/:page

请求方式：GET

请求参数：

参 数 名	是 否 必 选	类　型	说　明
page	是	Number	分页页码
title	是	String	商品标题

返回示例：

```
{
    msg: "ok"
    data: { list: (4) […], totalCount: 4 }
}
```

渲染商品评论列表功能的实现步骤如下。

（1）在 api 目录下新建 comment.js 模块，用于存储与评论管理相关的 API，根据接口文档定义发送请求 API 的方法，示例代码如下。

```
//导入 axios
import request from '@/utils/request'
//获取商品评论列表
export const getCommentListFn=(page,params)=>{
    return request({
        url:'admin/goods_comment/${page}',
        method:'GET',
        params
    })
}
```

（2）在评论管理页面定义数据源接收数据，示例代码如下。

```
import { ElMessage } from 'element-plus'
```

```
import { getCommentListFn} from '@/api/comment.js'
import { ref, reactive } from 'vue'
//表格渲染数据源
const tableData = ref([])
//分页页码
const page = ref(1)
//查询参数
const queryData = reactive({
  title: ''
})
```

（3）调用 API 方法获取商品评论数据，示例代码如下。

```
const getCommentList = async () => {
   const res = await getCommentListFn(page.value, queryData.title)
   console.log(res)
   if (res.msg && res.msg !== 'ok') {
      return ElMessage.error(res.msg)
   }
   tableData.value = res.data.list
}
getCommentList()
```

11.3 展开商品评论

本节将实现展开商品评论功能，从而在视图层渲染评论用户、评论内容、评论图片以及商家回复等信息，示例代码如下。

```
<el-table-column type="expand">
      <template #default="scope">
          <div class="setComment">
              <el-avatar :size="50"
                  :src="scope.row.user.avatar" fit="cover" />
              <div>
                  <p><span class="p1">
                      {{ scope.row.user.username }}</span>
                  </p>
                  <p>{{ scope.row.review.data }}
                  </p>
                  <p>
                      <el-avatar
                          v-for="(item, i) in scope.row.review.image"
                          :key="i" shape="square" :size="80"
                          :src="item"
```

```
                    />
                </p>
                <p v-if="!scope.row.extra">
                    <el-button type="primary"
                    @click="openDialig(scope.row)">回复</el-button>
                </p>
                <div v-else class="setMain"
                    v-for="(item, i) in scope.row.extra" :key="i">
                    <span>回复：</span>
                    {{ item.data }}
                    <p>
                     <span style="color:#409eff;cursor: pointer;"
                     @click="oppenDialogEdit(scope.row, item.data)">修改
                     </span>
                    </p>
                </div>
            </div>
        </div>
    </template>
</el-table-column>
```

代码解析：

用户评论图片在 review.image 属性下，由于 review.image 的值是数组类型的，所以使用 v-for 进行循环遍历。同理，商家的回复信息是在 extra 数组中，使用 v-for 循环遍历 extra 数组，并且通过判断 extra 数组是否有值进行页面渲染，当 extra 数组为空时，展示“回复”按钮，否则展示评论信息。

11.4　回复或修改商品评论

本节将实现回复或修改商品评论功能，如图 11-2 所示。

图 11-2

注意：

回复商品评论和修改商品评论功能使用同一个弹出框，同一个 API。

接口文档信息如下。

请求 URL：admin/goods_comment/review/:id

请求方式：POST

请求参数：

参数名	是否必选	类型	说明
id	是	Number	商品订单 ID
data	是	String	回复内容

返回示例：

```
{
    "msg": "ok",
    "data": true
}
```

回复商品评论功能的实现步骤如下。

（1）打开 api 目录下的 comment.js 模块，根据接口文档定义发送请求 API 的方法，示例代码如下。

```
export const setCommentFn=(id,data)=>{
   return request({
      url:'admin/goods_comment/review/${id}',
      method:'POST',
      data
   })
}
```

（2）定义对话框并实现布局，示例代码如下。

```
<el-dialog v-model="dialogVisible" title="回复商品评论" width="40%">
        <el-form :model="formData">
            <el-form-item label="回复内容">
                <el-input v-model="formData.data" type="textarea" />
            </el-form-item>
        </el-form>
        <template #footer>
            <span class="dialog-footer">
                <el-button @click="dialogVisible = false">
                    取消
                </el-button>
                <el-button type="primary" @click="submitOk">
                    确定
```

```
                </el-button>
            </span>
        </template>
</el-dialog>
```

（3）定义对话框所需要的数据源，示例代码如下。

```
const dialogVisible = ref(false)
const id = ref(null)
const formData = reactive({
    data: ''
})
```

（4）单击“回复”按钮弹出对话框，初始化数据，视图层代码如下。

```
<p v-if="!scope.row.extra">
        <el-button type="primary" @click="openDialig(scope.row)">
            回复
        </el-button>
</p>
```

数据层代码如下。

```
const openDialig = (row) => {
    formData.data=''
    id.value = row.id
    dialogVisible.value = true
}
```

（5）单击“修改”按钮弹出对话框，初始化数据，视图层代码如下。

```
<span @click="oppenDialogEdit(scope.row,item.data)">修改</span>
```

数据层代码如下。

```
const oppenDialogEdit=(row,msg)=>{
    id.value = row.id
    formData.data=msg
    dialogVisible.value = true
}
```

（6）单击对话框中的“确定”按钮，实现回复和修改商品评论功能，示例代码如下。

```
const submitOk = async () => {
    const res = await setCommentFn(id.value, formData)
    if (res.msg && res.msg !== 'ok') {
        return ElMessage.error(res.msg)
    }
    dialogVisible.value = false
    ElMessage({
```

```
        message: '回复成功',
        type: 'success',
    })
    getCommentList()
}
```

11.5 设置商品评论是否显示

本节将实现设置商品评论是否显示功能，接口文档信息如下。

请求 URL：admin/goods_comment/:id/update_status

请求方式：POST

请求参数：

参 数 名	是 否 必 选	类 型	说 明
id	是	Number	商品评论 ID
status	是	Number	是否显示（0,1）

返回示例：

```
{
    "msg": "ok",
    "data": true
}
```

设置商品评论是否显示功能的实现步骤如下。

（1）打开 api 目录下的 comment.js 模块，根据接口文档定义发送请求 API 的方法，示例代码如下。

```
export const editCommentStatusFn=(id,status)=>{
    return request({
        url:'admin/goods_comment/${id}/update_status',
        method:'POST',
        data:{
            status
        }
    })
}
```

（2）为 switch 开关绑定 change 事件，调用 API 方法实现功能，视图层代码如下。

```
<el-table-column label="是否显示评论">
    <template #default="scope">
        <div>
```

```
            <el-switch v-model="scope.row.status"
                :active-value="1" :inactive-value="0"
                @change="changeHandle(scope.row)"
            />
        </div>
    </template>
</el-table-column>
```

数据层代码如下。

```
const changeHandle=async (row)=>{
    console.log(row.status)
    const res=await editCommentStatusFn(row.id,row.status)
    console.log(res)
    if(res.msg&&res.msg!=='ok'){
        return ElMessage.error(res.msg)
    }
    ElMessage({
        message: '状态修改成功',
        type: 'success',
    })
}
```

通过上述步骤即可设置商品评论是否显示。

第 12 章

分销管理

本章将介绍如何开发分销管理模块，以便于管理员可以管理和维护商城的分销信息。通过对本章内容的学习，读者将掌握分销设置以及分销员管理的开发逻辑和流程。

12.1 分销员管理页面样式布局

本节将实现分销员管理页面样式布局，分销员管理页面如图 12-1 所示。

图 12-1

在 views 目录下新建 Distribution.vue 分销员管理页面，视图层布局代码如下。

```
<template>
   <div>
      <el-row :gutter="20">
         <el-col :span="6" >
            <el-card>
               <span>数值</span>
               属性
            </el-card>
         </el-col>
      </el-row>
      <el-card>
         <el-row :gutter="30">
            <el-col :span="6">
               <el-input placeholder="请输入搜索信息" clearable >
                  <template #append>
                     <el-button :icon="Search" />
                  </template>
               </el-input>
            </el-col>
            <el-col :span="6" :offset="12">
               <el-radio-group >
                  <el-radio-button >全部</el-radio-button>
                  <el-radio-button >今天</el-radio-button>
                  <el-radio-button >昨天</el-radio-button>
                  <el-radio-button >最近 7 天</el-radio-button>
               </el-radio-group>
            </el-col>
         </el-row>
         <el-table :data="disListValue" style="width: 100%" border stripe>
            <el-table-column label="头像">
               <template #default="{ row }">
                  <div>
                     <el-avatar :size="50" :src="row.avatar">
                     </el-avatar>
                  </div>
               </template>
            </el-table-column>
            <el-table-column label="用户信息" width="200">
               <template #default="{ row }">
                  <div>
                     <p>用户：{{ row.username }}</p>
                     <p>电话：{{ row.phone }}</p>
                  </div>
               </template>
            </el-table-column>
```

```
            <el-table-column prop=" " label="推广数量" />
            <el-table-column prop=" " label="订单数量" />
            <el-table-column prop=" " label="订单金额" />
            <el-table-column prop=" " label="账户佣金" />
            <el-table-column prop="c " label="已提现佣金" />
            <el-table-column prop=" " label="未提现佣金" />
            <el-table-column label="操作" >
               <template #default="{ row }">
                  <el-button type="primary" text >明细</el-button>
               </template>
            </el-table-column>
         </el-table>
      </el-card>
   </div>
</template>
```

CSS 样式代码如下。

```
<style lang='less' scoped>
.el-row .el-card {
   margin-top: 20px;
   text-align: center;
   padding-top: 10px;
   padding-bottom: 10px;
   span {
      display: block;
      font-size: 23px;
      font-weight: bold;
      padding-bottom: 10px;
   }
}
.el-card {
   margin-top: 20px;
   .el-table {
      margin-top: 20px;
   }
}
</style>
```

通过上述代码即可实现分销员管理页面样式布局。

12.2 分销员管理数据交互

本节将实现分销员管理数据交互功能，接口文档信息如下。

请求 URL：admin/agent/:page

请求方式：GET

请求参数：

参数名	是否必选	类型	说明
type	否	String	时间段（all、today、yesterday、last7days）
keyword	否	String	搜索关键字

返回示例：

```
{
   msg: "ok"
   data: { list: (8) […], totalCount: 18 }
}
```

分销员管理数据交互功能的实现步骤如下。

（1）在 api 目录下新建 distribution.js 模块，用于存储和分销管理相关的 API，根据接口文档定义发送请求 API 的方法，示例代码如下。

```
//导入 axios
import request from '@/utils/request'
export const getDisListFn=(page,params)=>{
   return request({
      url:'admin/agent/${page}',
      method:'GET',
      params
   })
}
```

（2）定义查询参数以及 table 表格所需要的数据源对象，示例代码如下。

```
//存储服务器端返回的分销员数据
const disListValue= ref([])
//定义查询参数
const queryData = reactive({
   keyword: '',
   type: 'all',
   //all 全部
   //today  今天
   //yesterday  昨天
   //last7days  最近 7 天
})
//分页页码
const page = ref(1)
```

（3）调用 API 方法获取分销员数据并赋值给 table 数据源，示例代码如下。

```
//获取分销员列表
const getDisList = async () => {
   const res = await getDisListFn(page.value, queryData)
   if (res.msg && res.msg !== 'ok') {
      return
   }
   disListValue.value = res.data.list
}
getDisList()
```

将获取的分销员数据在视图层渲染所要展示的信息即可。

12.3　查看分销员推广明细

本节将实现查看分销员推广明细功能，单击操作栏中的“推广明细”按钮，弹出“推广明细”对话框，如图 12-2 所示。

图 12-2

查看分销员推广明细接口文档信息如下。

请求 URL：admin/agent/:page

请求方式：GET

请求参数：

参 数 名	是否必选	类　型	说　明
type	否	String	时间选择
starttime	否	String	开始时间
endtime	否	String	结束时间
level	否	Number	推广等级
user_id	是	Number	推广人 ID

返回示例：

```
{
    msg: "ok"
    data: { list: (2) […], totalCount: 2 }
}
```

查看分销员推广明细功能的实现步骤如下。

（1）打开 api 目录下的 distribution.js 模块，根据接口文档定义发送请求 API 的方法，示例代码如下。

```
export const getDisListFn=(page,params)=>{
    return request({
        url:'admin/agent/${page}',
        method:'GET',
        params
    })
}
```

（2）新建对话框并将其抽离成独立组件实现页面布局，在 component 目录下新建 dialogDis.vue 组件，视图层代码如下。

```
<el-dialog v-model="dialogVisible" :title="Tips" width="60%">
        <el-form :model="formData" label-width="100px">
            <el-form-item label="时间选择">
                <el-radio-group v-model="formData.type">
                    <el-radio-button label="all">全部</el-radio-button>
                    <el-radio-button label="today">今天</el-radio-button>
                    <el-radio-button label="yesterday">
                        昨天</el-radio-button>
                    <el-radio-button label="last7days">
                        最近 7 天</el-radio-button>
                </el-radio-group>
            </el-form-item>
            <el-form-item label="开始日期">
                <el-date-picker v-model="formData.starttime" type="date"
placeholder="开始日期" value-format="YYYY-MM-DD" />
            </el-form-item>
```

```
        <el-form-item label="结束日期">
            <el-date-picker v-model="formData.endtime" type="date",
placeholder="结束日期" value-format="YYYY-MM-DD" />
        </el-form-item>
        <el-form-item label="用户类型">
            <el-radio-group v-model="formData.level">
                <el-radio-button :label="0">全部</el-radio-button>
                <el-radio-button :label="1">一级推广</el-radio-button>
                <el-radio-button :label="2">二级推广</el-radio-button>
            </el-radio-group>
        </el-form-item>
        <el-form-item label="">
            <el-button type="primary" @click="getList">
            搜索</el-button>
        </el-form-item>
    </el-form>
    <el-table :data="tableData" style="width: 100%">
        <el-table-column label="头像">
            <template #default="{row}">
                <div>
                    <el-avatar :size="50" :src="row.avatar"></el-avatar>
                </div>
            </template>
        </el-table-column>
        <el-table-column prop="username" label="用户信息" />
        <el-table-column prop="share_num" label="推广数量" />
        <el-table-column prop="share_order_num" label="推广订单数量" />
        <el-table-column prop="create_time" label="创建时间" />
    </el-table>
</el-dialog>
```

代码解析：

上述代码可分为上下两部分，第一部分为精准查询，可查询推广时间段、用户类型等信息；第二部分为 table 表格展示，渲染的是分销员推广明细的数据。

（3）定义对话框所绑定的数据源，示例代码如下。

```
const formData = reactive({
    type: 'all',
    starttime: '',
    endtime: '',
    level: 0
})
//推广人 ID
const userId=ref(0)
```

（4）打开对话框并进行数据初始化，dialogDis.vue 组件共享代码如下。

```
const dialogVisible = ref(false)
const openDialog = async (id) => {
   console.log(id)
   userId.value=id
   dialogVisible.value = true
}
defineExpose(
   {
      openDialog
   }
)
```

注意：

父组件在调用 openDialog()方法的同时需要传入推广人 ID。

Distribution.vue 父组件的调用代码如下。

```
//视图层
<el-table-column label="操作" >
   <template #default="{ row }">
      <el-button type="primary" size="small" text
@click="openDisList(row.id)">推广明细</el-button>
   </template>
</el-table-column>
<dialogDis ref="disDom"></dialogDis>
//数据层
import dialogDis from '@/components/dialogDis.vue'
const disDom=ref(null)
const openDisList=(id)=>{
   disDom.value.openDialog(id)
}
```

（5）调用 API 实现推广明细查询，子组件示例代码如下。

```
//接收服务器端返回的推广列表
const tableData = ref([])
const getList=async ()=>{
   const res=await getDisListFn(page.value,{
      ...formData,
      user_id: userId.value
   })
   if (res.msg && res.msg !== 'ok') {
      return
   }
   tableData.value = res.data.list
}
const openDialog = async (id) => {
```

```
  userId.value=id
  //调用 API
  getList()
  dialogVisible.value = true
}
```

通过上述步骤即可实现查看分销员推广明细功能。

12.4 分销设置

本节将实现分销设置功能，分销设置如图 12-3 所示。

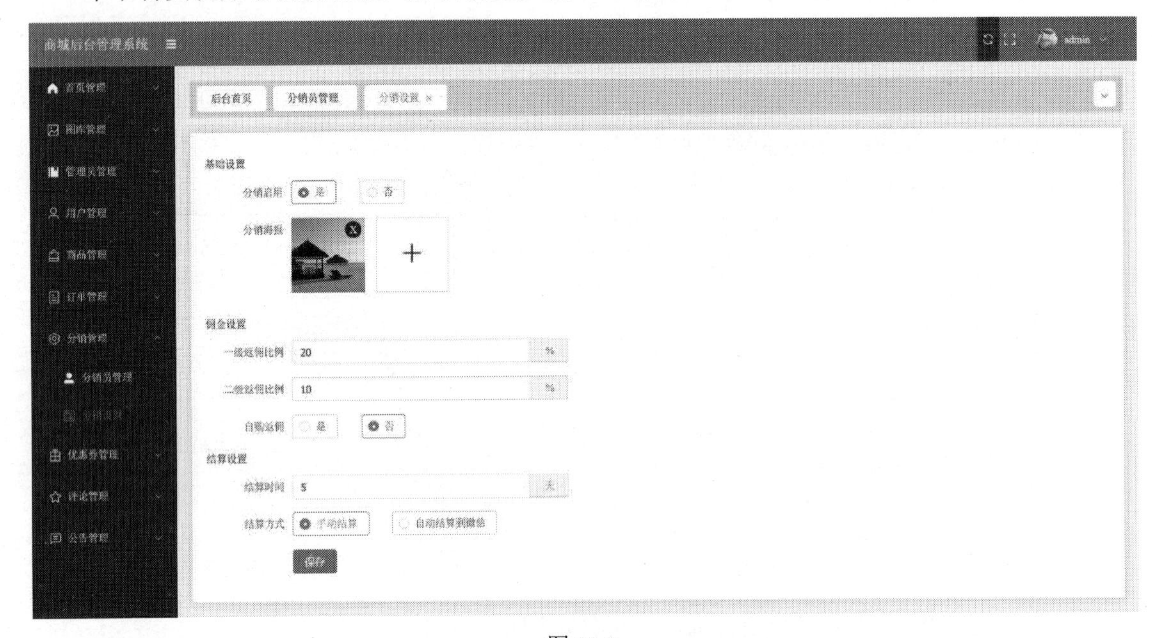

图 12-3

分销设置提供获取分销设置和修改分销设置两个 API，分别如下。

1. 获取分销设置 API

请求 URL：admin/distribution_setting/get

请求方式：GET

请求参数：无

返回示例：

```
{
   msg: "ok"
   data: { id: 1, distribution_open: 1, store_first_rebate: 10, … }
}
```

2．修改分销设置 API

请求 URL：admin/distribution_setting/set

请求方式：POST

请求参数：

参数名	是否必选	类型	说明
distribution_open	否	Number	是否启用分销
spread_banners	否	Array	海报
store_first_rebate	否	Number	一级返佣比例
store_second_rebate	否	Number	二级返佣比例
is_self_brokerage	否	Number	是否自购返佣
settlement_days	否	Number	结算时间
brokerage_method	否	String	佣金到账方式

返回示例：

```
{
   "msg": "ok",
   "data": 0
}
```

分销设置功能的实现步骤如下。

（1）打开 api 目录下的 distribution.js 模块，根据接口文档定义发送请求 API 的方法，示例代码如下。

```
//获取分销设置
export const getDisSettingFn=()=>{
   return request({
      url:'admin/distribution_setting/get',
      method:'GET'
   })
}
//修改分销设置
export const editDisSettingFn=(data)=>{
   return request({
      url:'admin/distribution_setting/set',
      method:'POST',
      data
   })
}
```

（2）实现页面布局并定义 form 表单数据源，在 views 目录下新建 DisSetting.vue 分销设置页面，视图层代码如下。

```
<el-card>
```

```
<el-form :model="formData" label-width="120px">
    <p>基础设置</p>
    <el-form-item label="分销启用">
        <el-radio-group v-model="formData.distribution_open">
            <el-radio :label="1" border>是</el-radio>
            <el-radio :label="0" border>否</el-radio>
        </el-radio-group>
    </el-form-item>
    <el-form-item label="分销海报">
        <selectImg v-model="formData.spread_banners" :num="2">
         </selectImg>
    </el-form-item>
    <p>佣金设置</p>
    <el-form-item label="一级返佣比例">
        <el-input v-model="formData.store_first_rebate">
            <template #append>%</template>
        </el-input>
    </el-form-item>
    <el-form-item label="二级返佣比例">
        <el-input v-model="formData.store_second_rebate">
            <template #append>%</template>
        </el-input>
    </el-form-item>
    <el-form-item label="自购返佣">
        <el-radio-group v-model="formData.is_self_brokerage">
            <el-radio :label="1" border>是</el-radio>
            <el-radio :label="0" border>否</el-radio>
        </el-radio-group>
    </el-form-item>
    <p>结算设置</p>
    <el-form-item label="结算时间">
        <el-input v-model="formData.settlement_days">
            <template #append>天</template>
        </el-input>
    </el-form-item>
    <el-form-item label="结算方式">
        <el-radio-group v-model="formData.brokerage_method">
            <el-radio label="hand" border>手动结算</el-radio>
            <el-radio label="wx" border>微信结算</el-radio>
        </el-radio-group>
    </el-form-item>

    <el-form-item label="">
        <el-button type="primary" @click="editOk">保存</el-button>
    </el-form-item>
```

```
        </el-form>
</el-card>
```

数据层代码如下。

```
const formData = reactive({
    "distribution_open": 0,              //分销启用:0 表示禁用，1 表示启用
    "spread_banners": [
    ],                                    //分销海报图
    "store_first_rebate": 20,            //一级返佣比例：0～100
    "store_second_rebate": 30,           //二级返佣比例：0～100
    "is_self_brokerage": 1,              //自购返佣:0 表示否，1 表示是
    "settlement_days": 6,                //结算时间（单位：天）
    "brokerage_method": "hand"           //佣金到账方式：hand 表示手动，wx 表示微信
})
```

（3）获取当前分销设置，替换 form 表单的默认数据，示例代码如下。

```
const getSetting = async () => {
    const res = await getDisSettingFn()
    console.log(res)
    if (res.msg && res.msg !== 'ok') {
        return
    }
    //线上替换本地
    for (const key in formData) {
        formData[key] = res.data[key]
    }
}
getSetting()
```

（4）调用修改分销设置 API 实现修改分销设置，示例代码如下。

```
const editOk = async () => {
    const res = await editDisSettingFn()
    console.log(res)
    if (res.msg && res.msg != 'ok') {
        return ElMessage.error(res.msg)
    }
    ElMessage({
        message: '设置成功',
        type: 'success',
    })
}
```

通过上述 4 个步骤即可实现分销设置功能。

第 13 章

公告管理

本章将介绍如何开发一个公告管理模块，以便管理员可以管理和发布商城的公告信息。通过对本章内容的学习，读者将了解在实际项目开发中处理公告信息的逻辑和流程。

13.1 公告管理页面样式布局

本节将实现公告管理页面样式布局，如图 13-1 所示。

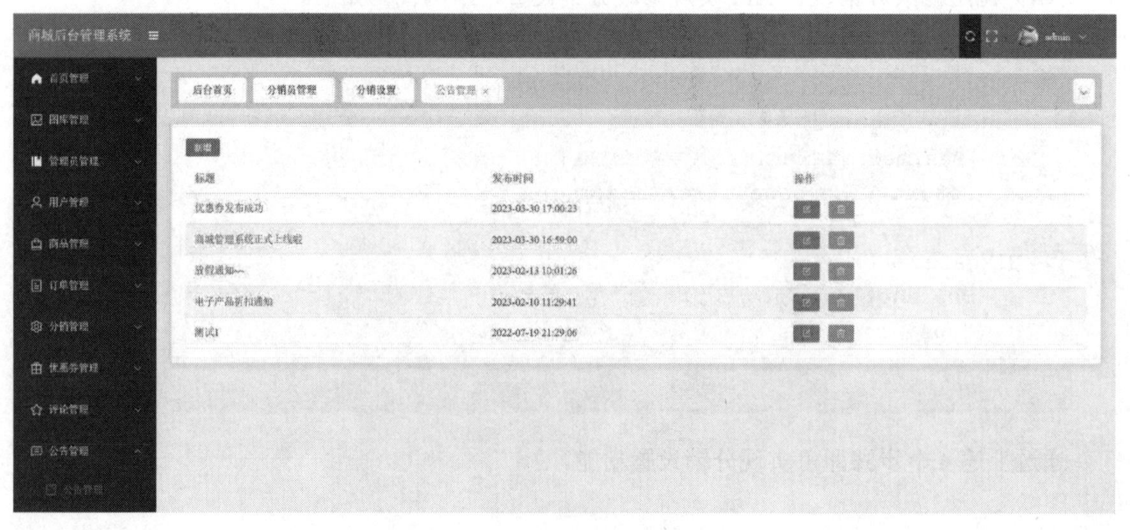

图 13-1

公告管理页面使用 Element Plus 提供的 el-card 和 el-table 组件实现，在 views 目录下新建 news.vue 页面，视图层静态代码如下。

```
<template>
  <div>
    <el-card>
      <div>
        <el-button type="primary" size="small"
          @click="oppenAddDiaLog">新增</el-button>
      </div>
      <el-table :data="tableData" style="width: 100%" stripe
        v-loading="loading">
        <el-table-column prop="title" label="标题" />
        <el-table-column prop="create_time" label="发布时间" />
        <el-table-column label="操作">
          <template #default="scope">
            <div>
              <el-button type="primary"
                :icon="Edit" size="small"
                @click="editNews(scope.row)" />
              <el-button type="warning"
                :icon="Delete" size="small"
                @click="delNewsById(scope.row.id)" />
            </div>
          </template>
        </el-table-column>
      </el-table>
    </el-card>
    <!-- 新增公告 -->
    <el-dialog
      v-model="dialogVisibleAddNews"
      :title="newsTitle" width="40%"
      @close="closeAdd">
      <el-form
        ref="ruleFormRefAddNews"
        :model="ruleFormAddNews"
        :rules="rulesAddNews">
        <el-form-item label="标题" prop="title">
          <el-input v-model="ruleFormAddNews.title" />
        </el-form-item>
        <el-form-item label="内容" prop="content">
          <el-input type="textarea" :rows="2"
          v-model="ruleFormAddNews.content" />
        </el-form-item>
      </el-form>
```

```
            <template #footer>
                <span class="dialog-footer">
                    <el-button @click="dialogVisibleAddNews = false">
                    取消</el-button>
                    <el-button type="primary" @click="addNewsOk">
                        确定
                    </el-button>
                </span>
            </template>
        </el-dialog>
    </div>
</template>
```

代码解析：

在 el-table 表格中，通过:data 属性设置表格中所展示的数据源，通过 stripe 属性设置表格的各行变色，通过 v-loading 指令设置数据加载动画。

el-table-column 为表格中的列，通过 label 属性设置显示的列名称，通过 prop 属性设置表格数据源中当前列所对应的字段属性。

在 table 表格中，“操作”列属于自定义样式，需要在 el-table-column 中使用插槽，如<template #default="scope">，通过 scope.row 可获取数据源中每个对象的所有信息。

在上述代码中，打开对话框的事件为 oppenAddDiaLog()，编辑事件为 editNews()，删除事件为 delNewsById()，确定新增事件为 addNewsOk()。

CSS 样式代码如下。

```
<style lang='less' scoped>
.el-card {
    margin-top: 20px;
    .el-table {
        margin-top: 10px
    }
}
</style>
```

通过上述代码即可实现公告管理页面样式布局。

13.2 公告管理页面数据交互

本节将实现公告管理页面数据交互功能，后端接口文档信息如下。

请求 URL：admin/news/:page

请求方式：GET

请求参数：

参 数 名	是 否 必 选	类　型	说　明
page	是	Number	分页页码

返回示例：

```
{
    msg: "ok"
    data:{ list: (5) […], totalCount: 5 }
}
```

公告管理页面数据交互功能的实现步骤如下。

（1）在 api 目录下新建 news.js 模块，根据接口文档定义发送请求 API 的方法，示例代码如下。

```
//导入 axios
import request from '@/utils/request'
//获取公告列表
export const getNewsList=(page)=>{
    return request({
        url:'admin/news/${page}',
        method:'GET'
    })
}
```

（2）返回 news.vue 页面，导入 getNewsList()请求方法并进行调用，示例代码如下。

```
import { getNewsList } from '@/api/News.js'
import { ref, reactive } from 'vue'
//默认没有刷新动画
const loading = ref(false)
//定义空数组接收服务器端返回的数据
const tableData = ref([])
//定义方法调用 getNewsList 方法
const getData = async () => {
    loading.value = true
    const res = await getNewsList(currentPage.value)
    loading.value = false
    if (res.msg && res.msg !== 'ok') {
        return
    }
    //将服务器返回的数据赋值给 tableData 数组
    tableData.value = res.data.list
}
getData()
```

代码解析：

可将上述代码拆分成 3 个步骤，分别是导入方法、定义属性以及定义方法。由于视图层表格中使用了 loading 动画，数据层通过 const loading = ref(false)定义 loading 的初始状态为 false，在调用 getData()方法发送请求时，将 loading 状态设置为 true，将请求响应完成状态重新设置成 false，此时在列表加载的过程中就实现了 loading 动画效果。

13.3 新增公告

本节将实现新增公告功能，单击“新增”按钮弹出“新增公告”对话框，如图 13-2 所示。

图 13-2

新增公告接口文档信息如下。

请求 URL：admin/news

请求方式：POST

请求参数：

参 数 名	是 否 必 选	类 型	说 明
title	是	String	标题
content	是	String	内容

返回示例：

```
{
   msg: "ok"
   data: { title: "test", content: "desc", create_time: … }
}
```

新增公告功能的实现步骤如下。

（1）打开 api 目录下的 news.js 模块，根据接口文档定义发送请求 API 的方法，示例代码如下。

```
//新增
export const addNewsFn=(data)=>{
   return request({
      url:'admin/news',
      method:'POST',
      data
   })
}
```

（2）定义新增公告所需要的数据源，示例代码如下。

```
//对话框默认关闭
const dialogVisibleAddNews = ref(false)
//弹框标题
const newsTitle = ref('')
//新闻公告 ID
const newsId = ref(0)
//form 表单 DOM 元素
const ruleFormRefAddNews = ref(null)
//form 表单数据源对象
const ruleFormAddNews = reactive({
   title: '',
   content: ''
})
```

注意：

由于新增公告和编辑公告使用同一个弹框，所以不能将弹框的标题设置为固定的，因此须定义 newsTitle 动态切换弹框的标题。

（3）定义验证规则对象，用于验证标题和内容是否合法，示例代码如下。

```
//验证规则对象
const rulesAddNews = reactive({
   title: [
      { required: true, message: '请输入标题', trigger: 'blur' }
   ],
   content: [
      { required: true, message: '请输入内容', trigger: 'blur' }
   ]
})
```

（4）单击“新增”按钮，弹出“新增公告”对话框，示例代码如下。

```
//“新增公告”对话框
```

```
const oppenAddDiaLog = () => {
   newsTitle.value = '新增公告'
   ruleFormAddNews.title = ''
   ruleFormAddNews.content = ''
   dialogVisibleAddNews.value = true
}
```

（5）定义新增方法，示例代码如下。

```
const addNewsOk = () => {
   //校验数据是否合法
   ruleFormRefAddNews.value.validate(async isValid => {
      if (!isValid) {
         return
      }
      if (newsTitle.value == '新增公告') {
         //调用新增公告 API
         const res = await addNewsFn(ruleFormAddNews)
         console.log(res)
         if (res.msg && res.msg !== 'ok') {
            return
         }
         dialogVisibleAddNews.value = false
         getData()
      } else if (newsTitle.value == '编辑公告') {
        //...
      }
   })
}
```

代码解析：

在新增事件中，首先调用 validate()方法验证整个表单数据是否合法，验证规则通过之后再调用新增公告的 API 方法。

由于新增公告和编辑公告使用同一个弹框，因此使用 if 语句判断调用哪个 API。

（6）关闭对话框，重置表单的数据，对话框提供了@close 事件，通过@close 事件定义关闭对话框之后的方法，示例代码如下。

```
//关闭对话框
const closeAdd = () => {
   ruleFormRefAddNews.value.resetFields()
}
```

代码解析：

调用 form 表单的 resetFields()方法重置表单的数据。

13.4　编　辑　公　告

本节将实现编辑公告功能，单击 table 表格中的“修改”按钮，弹出“编辑公告”对话框并展示初始数据，如图 13-3 所示。

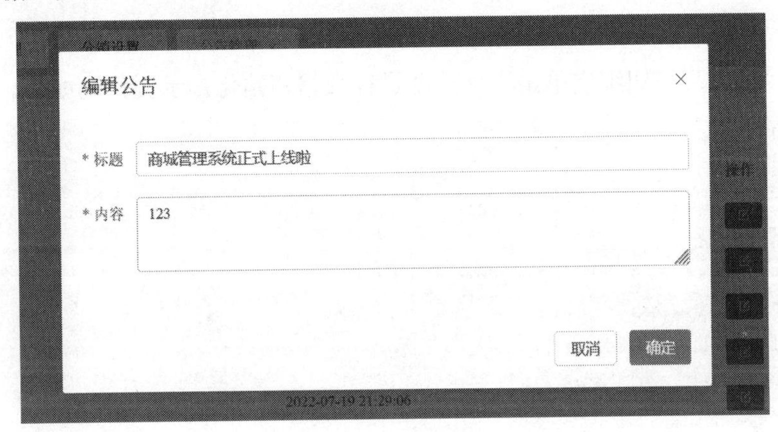

图 13-3

注意：

编辑公告和新增公告使用同一个对话框。

编辑公告接口文档信息如下。

请求 URL：admin/news/:id

请求方式：POST

请求参数：

参　数　名	是 否 必 选	类　　型	说　　明
id	是	Number	公告 ID
title	是	String	标题
content	是	String	内容

返回示例：

```
{
   "msg": "ok",
   "data": true
}
```

编辑公告功能的实现步骤如下。

（1）打开 api 目录下的 news.js 模块，根据接口文档定义发送请求 API 的方法，示例代码如下。

```
//修改
export const editNewsFn=(id,data)=>{
    return request({
        url:'admin/news/${id}',
        method:'POST',
        data
    })
}
```

（2）为“编辑”按钮绑定单击事件，并进行数据初始化，示例代码如下。

```
const editNews = (row) => {
    console.log(row)
    newsTitle.value = '编辑公告'
    //数据初始化
    ruleFormAddNews.title = row.title
    ruleFormAddNews.content = row.content
    newsId.value = row.id
    dialogVisibleAddNews.value = true
}
```

代码解析：

在编辑事件中为弹框标题重新赋值，参数 row 是视图层传递的编辑对象，通过 row 对象可实现数据的初始化。

（3）调用 API 实现编辑功能，示例代码如下。

```
import { editNewsFn } from '@/api/News.js'
const addNewsOk = () => {
    //校验数据是否合法
    ruleFormRefAddNews.value.validate(async isValid => {
        if (!isValid) {
            return
        }
        if (newsTitle.value == '新增公告') {
            //...
        } else if (newsTitle.value == '编辑公告') {
            const res = await editNewsFn(newsId.value, ruleFormAddNews)
            if (res.msg && res.msg !== 'ok') {
                return
            }
            dialogVisibleAddNews.value = false
            getData()
        }
    })
}
```

13.5　删除公告

本节将实现删除公告功能，单击 table 表格中的“删除”按钮，弹出“删除”对话框，如图 13-4 所示。

图 13-4

删除公告接口文档信息如下。

请求 URL：admin/news/:id/delete

请求方式：POST

请求参数：

参 数 名	是 否 必 选	类　型	说　明
id	是	Number	公告 ID

返回示例：

```
{
   "msg": "ok",
   "data": true
}
```

删除公告功能的实现步骤如下。

（1）打开 api 目录下的 news.js 模块，根据接口文档定义发送请求 API 的方法，示例代码如下。

```
//删除
export const delNews=(id)=>{
   return request({
      url:'admin/news/${id}/delete',
      method:'POST'
   })
}
```

（2）为“删除”按钮绑定事件，返回 news.vue 页面，导入 delNews()方法，并在删除事件处理函数中进行调用，示例代码如下。

```
import { ElMessage, ElMessageBox } from 'element-plus'
import { delNews } from '@/api/News.js'
//删除
const delNewsById = async (id) => {
    const isdel = await ElMessageBox.confirm(
        '是否删除?',
        '删除',
        {
            confirmButtonText: '确定',
            cancelButtonText: '取消',
            type: 'warning',
        }
    ).catch(err => err)
    console.log(isdel)
    if (isdel !== 'confirm') {
        return
    }
    const res = await delNews(id)
    if (res.msg && res.msg !== 'ok') {
        return ElMessage.error(res.msg)
    }
    getData()
}
```

代码解析：

为视图层的“删除”按钮绑定 delNewsById 事件，在事件处理函数中调用 Element Plus 提供的 ElMessageBox 消息弹框，提示用户是否删除，单击“确定”按钮时再执行删除操作。